青门来，

生活很美好

小小 ◎ 主编

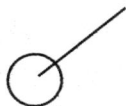

黑龙江科学技术出版社

HEILONGJIANG SCIENCE AND TECHNOLOGY PRESS

图书在版编目（ＣＩＰ）数据

静下来，生活很美好 / 小小主编. —— 哈尔滨：黑
龙江科学技术出版社, 2020.5
ISBN 978-7-5719-0380-0

Ⅰ.①静… Ⅱ.①小… Ⅲ.①人生哲学 – 通俗读物
Ⅳ.①B821-49

中国版本图书馆CIP数据核字(2020)第018222号

静下来，生活很美好
JINGXIALAI，SHENGHUO HEN MEIHAO

作　　者　小　小
策划编辑　沈福威
责任编辑　刘　杨
封面设计　吕佳奇
出　　版　黑龙江科学技术出版社
地　　址　哈尔滨市南岗区公安街70-2号
邮　　编　150007
电　　话　（0451）53642106
传　　真　（0451）53642143
网　　址　www.lkcbs.cn
发　　行　全国新华书店
印　　刷　三河市越阳印务有限公司
开　　本　880 mm×1230 mm　1/32
印　　张　6
字　　数　150千字
版　　次　2020年5月第1版
印　　次　2020年5月第1次印刷
书　　号　978-7-5719-0380-0
定　　价　36.80元

前言
PREFACE

　　活在 21 世纪，大概没有人是不忙碌的，各个年纪有各个年纪的忙碌和竞争。而人一旦忙起来，心也会跟着"盲"起来。为什么这么说呢？因为生活节奏太快，没有足够的时间去思考，只顾着先一个"猛子"往前扎，却不顾前与后。

　　人一旦浮躁，心就会跟着一起浮躁，想要的功与名、利与益也会跟着一起躁动。所以很多时候，会看不清世界，也看不清自己，更不知道自己真正想要的是什么，只是随波逐流而已。

　　迫于生活的奔波，迫于工作的压力，于是一个劲儿地向前奔跑，从而忘记生活本身的精彩，也自动忽略了最美好的感受。

　　我听过很多这样的话语，不知道自己想要的是什么，不知道自己该怎样活才能对得起生活。其实我特别想把我朋友经常说的一句话告诉给他们：当夜深人静时，你静下来，然后反复问自己，你就会知道自己想要的究竟是什么。

　　站在嘈杂与混乱的生活里，你又怎么能看清自己疾走的灵魂呢？唯有偶尔停下，不断地扪心自问，你才能得到自己想要的答案。

静下来，不仅是对自己的尊重，也是对时光的尊重。不仅如此，它还能追根溯源，帮你解决很多烦恼。

　　例如你痛苦的时候，把心清空，找个地方喝两罐可乐，静一静、想一想，或许你会知道自己为什么会痛苦，怎么样去寻找才会让自己获得快乐。

　　例如你迷茫的时候，你可以把一切归零，让心腾出一块圣地。仔细想想，你就会抛开很多无谓的执念，然后去追求真正对自己有意义的事情。

　　例如你烦恼的时候，点燃一根香烟，站在视野宽阔的地方，吹着风，沐浴着阳光，不断地叩问自己的心灵，为什么要烦恼？怎样才能让自己快乐起来？

　　大千世界，庸庸扰扰，唯有一个"静"字，才能让自己获得解脱与美好。世间的一切中心思想，其实都是围绕它来的。

　　放在哲学的角度来看，它是哲理。因为它能让我们思考，让我们知道如何才能解决烦恼，也能让我们知道如何去做才对自己更有利。

　　静，是生活中最美丽的姿态。

　　我们要工作，我们要生活，但我们也要懂得享受生活，不然活着的所作所为都将变得毫无意义。无论你有多忙，都应该有止步的时间，去做一些你平常想做却没有时间去做的事情。

作者

目 录
CONTENTS

第一章

CHAPTER 1

生活有波折，心无涟漪

你要坚信一点，虽然生活会有波折，但只要你心无涟漪，认真把它过好，那它就一定会甜起来。幸福可能会迟到，但绝对不会缺席。

生活不易，你要甜着过

很长一段时间，都对《浮生六记》爱不释手。爱的不是什么大哲理，而是文章里主人公对生活的那种乐天知足的态度。

沈复与芸娘，一对恩爱夫妻，生活贫穷、困苦，却让他们过出了清贫乐道的味道。

家贫、无钱，过不上多么气派的生活，甚至还有点儿拮据。但日子总还是得照常过吧，不能因为穷，就否定了生活上的种种，连美好这个词都不配拥有。

他们婚后的生活，虽然在物质上很清寡，但在精神上却足够富裕。他们赏花作词、谈论历史，两个人逍遥自在。

芸娘边种菜边吟诗，怡然自乐，她保持着一种女人很少见的心态。而沈复呢？把夏日驱赶蚊子的蚊香烟雾，看成是一仙鹤腾云驾雾而来。

难道只有高价格、好食材，才能做出美味的饭菜吗？不是的，起码在芸娘这里不是这样的，她非常善于用物美价廉的方法做出可口的饭菜。而且她把生活打理得井井有条，"布衣菜饭，可乐终身"。

　　汪涵在节目里赞誉他们，说他们活出了人生的高境界，很少有人能在困苦的条件下把日子过得如此有滋有味。

　　除了他们相爱，能把日子过甜以外，最重要的还是两个人的心态都很阳光自在。日子本来就苦，如果再不会给自己找乐子，那生活大概也就没太多存在的意义了。

　　当初看杨绛先生的《干校六记》，也是与看《浮生六记》一样的心境。

　　杨绛与钱锺书在"文化大革命"的背景下，在干校受尽了磨难，经常要接受批斗，甚至被剃成阴阳头，还要去扫大街、扫厕所，日子苦不堪言。

　　按理说，日子过成这样，是每天都想骂人的，即便文章里没有谩骂，也会传达出这样愤怒的情绪。

　　可在杨绛先生的书中却看不到这种情绪，她把《干校六记》以轻松明快的笔调写了出来，传达的全是乐天知足的态度，以平和的心态对待生活带来的苦难，没有怨，也没有恨。

　　这是一种什么样的胸襟呢？很难修得。面对苦难，她不恨不怨，在小日子里化苦难为慈悲的力量，浅浅淡淡地笑着应对。

　　如果放到现在，碰到以上的事，很多人大概是要号啕大哭的，别说苦中作乐了，大概是连笑那么简单的动作都懒得"施舍"一下。

　　生活虽苦，但你要学会甜着过。

有一次深夜下班回家，路过一家麻辣烫店。肚子的叫声成功地让我停下脚步，我坐到桌子旁，点了几份素菜。

我旁边坐着一对情侣，他们相互给对方夹菜，有说有笑。

"你多吃点啊，不要替我省钱。"

"我才不给你省钱呢，这东西能省几个钱呀，我要吃到撑破肚皮。"

其实，那是男孩发完工资，带女孩吃的第一顿"大餐"。他们年轻，没钱，正处在事业刚起步的阶段。

男孩不断地给女孩夹菜，女孩不断地给男孩擦拭嘴角的残留物。那是北京的一个深秋，凉意四起，但他们话语相伴，却温暖如初。

你能在他们身上看出，无论日子多么苦、多么累，都能在一点点温暖中感受到知足与快乐。想必，那是千金也很难换来的。

朋友告诉我一个故事。

他在医院做完体检回家的路上，看见一个中年男人坐在一棵大树下，边喝酒边流泪，眼泪顺着眼角流下来，哭得悄无声息。

朋友走过去给他递上一张纸巾。不递还好，递给他之后，他开始号啕大哭起来。

朋友用一支烟的工夫，聆听了他的不幸。

他说事业不顺，祸事接踵而至。他妻子跟他离婚，爸爸摔跤导致大腿骨折。这忽然而来的打击，让他一点防备都没有，所以酒精与眼泪成了他最好的发泄渠道。

朋友无从安慰。

因为他自己也懂生活本身的痛苦，都是成年人，他也遭遇过。

当初他跟别人合伙做生意，因为太信任对方，结果被骗得一塌糊涂，背上巨额债务，整整七年才把债务还清，开始了新的生活。

那七年是怎么过的呢？很黑暗。

他几乎没有主动去认识一个新的朋友，因为他没有勇气，也没有心思。每天想的都是如何赚钱，他在夹缝里求生存。

回到眼下，他看着那个神态醉醺醺、意识却很清醒的男人，只是给予了一张纸巾和一个肯定的眼神，就转身离开了。

那个男人后来怎么样了？他无从得知。但我们所知道的是，再苦，也要露出甜甜的笑，不让苦难的生活把自己击垮。

谁没有经历过苦楚的人生啊！文学家郁达夫同样如此。

那会儿郁达夫刚从国外回来，一直郁郁不得志。租住在破落阴暗的贫民窟里，与在烟厂上班的女工人为邻，拿着低廉的稿费，经常吃不饱穿不暖。

关于这些惨淡的生活，都被他写在《春风沉醉的晚上》这篇文章里，虽然是小说，却是他那时生活的写照。

他从日本留学归来，失去了国家给的官费留学津贴，他跟社会上失业的人没有区别，同样面临找不到工作的窘迫和颠沛流离的酸楚。要解决自己的温饱，也要负担家人的生活开支，压力都落在他一个人身上。

虽然对现实有着强烈的不满，但除了过下去，还能有什么办法呢？生活不会因为你的苦就给你灌蜜糖，它只会欺负弱者。

郁达夫也一样，他在苦难中熬着。他坚信，熬过去之后，就能尝到属于他的甜蜜果实。

理想很甜，生活很苦。但你要坚信一点，不论日子多么苦，只要你不失落，有信心把它过甜，它就一定会甜起来。幸福可能会迟到，但绝不会缺席。

充满希望，便不会迷茫

哪一个瞬间，你觉得生命充满了希望？

我先说一下自己吧。

去年 6 月，我从长沙坐飞机前往北京。那班飞机因为气流不稳，疯狂颠簸，一上一下，抖得厉害。广播里的乘务员一个劲儿播报，让乘客坐稳抓好扶手。空气里瞬间凝聚着恐惧的气息，大家都悬着一颗心。

那个时候我在想，如果自己真这么"挂"了，可怎么办？生命才开始啊，我还这么年轻，还有很多事情没有完成。

我想去的地方，一个都没有去成；我想写的小说，一部都没有写完。长沙坡子街的小龙虾，我还没有吃够；赵刚老师酿的红酒，我还没来得及品尝；三毛的《撒哈拉沙漠的故事》还只在我的梦里路过；布达拉宫的传奇，我还没有亲见过……总之，我还不能这么莫名其妙地"挂掉"吧！

再回头看看我身边坐着的一位阿姨，她满脸恐惧，五官都拧在了一起。她或许也有很多愿望没有完成吧？

她这次去北京，或者是去与女儿团聚，又或者去旅行。她刚刚操劳完半辈子，正是享福的年纪，刚要开始享受人生，难道生命就要戛然而止了？这未免也太残忍了。

再看看飞机里这些人，每个人的年纪大小不一，职业也大不相同，梦想就更加不相同了。他们肯定跟我一样，也有很多心愿未了。

我们都紧闭着眼睛，不知道还有没有下一刻、能不能安全着陆，紧张焦虑的心情，一刻都没有放松过。

飞机震动颠簸持续了 6 分钟左右，最后平复了下来，所有人都松了一口气，暗自欣喜。

获得平安那一刻，犹如新生，生命充满了希望。在死亡面前，没有什么过不去的坎儿。

有时在生活中，遇到屁大点儿事情，就觉得遭遇了"灭顶"

之灾，人生无望，看不到希冀与未来。但仔细想想，与死亡相比，任何事情都是有希望的，都能熬过去，也都是小事。

2017 年 8 月，我走了一次沙漠，那次经历，我过多少年都不会忘记，我说多少次都不会觉得厌烦。

我在朋友圈里看到过很多人在沙漠上拍照，但从他们的装备可以看出来，那仅仅是在很浅的地方摆拍而已，没有真正地走进沙漠。

我们那次行走，是"真刀真枪"的，在紫外线和毒辣阳光照射的夏季，从起点走到终点，每天大概行走 30 公里。沙漠的路与平地的路大不相同，而且时不时还要爬坡。

一步步艰难地往前走，广袤的沙漠里，什么也看不到，只有天空和黄沙与自己为伴。

当我走出沙漠看到绿洲的那一刻，我就知道我吃的所有的苦，走过的所有路，都是值得的。

曾经有网友提问，什么时候觉得人生充满了希望？

那大概是考试通过时，对自己充满信心；

有新生命降临时，满怀喜悦；

找到合意的工作时，满心期待；

升职加薪时，对未来充满期盼；

……

种种看上去的小事，都能让我们感受到生命是充满希望的。

如果你感受不到生命充满希望，或许你还深陷"泥潭"，走不出来。但很多事情，只要自己努力了，就一定能看到希望。

我曾看过一个人的故事，印象很深刻。

高考前夕，他非常拼命，发榜那天，不负所望，考上了一所"985"院校。那时候他以为所有的光明都为他点亮了。

但大学的时候，他犯了一个错误，没有拿到学位证书和毕业证书，只拿到了一张肄业证，很讽刺。

肄业之后，他去了一家公司当销售，为了赚钱，他拼命努力，每天扛着无比沉重的器材去推销。虽然很努力，但他还是被公司开除了，因为他隐瞒了没有学位证书这一事实。

回去的路上，恰好遇到大雨，他没带伞，在雨里饥寒交迫。他蜷缩在公交站台，瑟瑟发抖，坐了一个小时的公交车才回到家。那一刻，他觉得整个天都是灰的，他的心是暗的。

他租住的房子，是一个关了灯就伸手不见五指的地方。因为穷，他租不起带窗户的房子。

他在那个小屋子里，哭得像个小女生。一个人自言自语地说狠话、发毒誓，他要改变自己的现状。即便如此，现实也是残酷的，他在那个小黑屋里足足待了4个月，才找到一份工作。

那份工作还是他好不容易求来的，他挨个给公司前台打电话，希望可以见到人力资源部经理，争取一个机会。他苦苦央求，说他一定能做好那份工作。最后找到的那份工作，还是跟人前前后后拉锯了两个月才求到的。

他像"笼中之兽"挣脱牢笼重拾自由一般，重获了希望。他很努力、很勤奋，他怕失去好不容易得来的工作，他比公司里任何人都拼命。

他资质不算太好，跟公司其他人比起来，要差一截，但因为勤奋，考核期一过，他顺利地留了下来。

他后来说，经历过那段黑暗的岁月之后，他就觉得其他事都不叫事。挺不过是深渊，挺过来了就能看到希望。

什么时候能看到人生充满希望呢？你睡一觉起来，拉开窗帘感受到阳光，你就能看到希望。黑夜过后是天明，这是自然规律，也是人生规律。黑暗不会"长眠不起"，只要你满怀希望，就能看到黎明的曙光。

人的一生会遭遇很多不顺利的事情，无论亲情、爱情，抑或是在工作与生活上，都会出现各种不测。坎坷时，可能会沮丧很久，沮丧完之后，也未必看得到希望。但是，希望你能懂得一件事，那就是你的心有多么坚强，属于你的幸福就有多长。你要相信，生命充满希望。

安静下来，享受生活

赚钱是为了什么？生活。拼命赚钱是为了什么？过更好的生活。所以努力工作也可以解释成，除了展现自身的价值外，也是为了享受美好的生活。

可有的人，只记得赚钱，忘了怎么享受生活，成为赚钱的机器与生活的"傀儡"。

有的人就是这样的，比如老五。

跟老五认识有几个年头了，他没什么变化，跟以往一样，没有任何"趣味"，死死板板。他在工作上死板，在生活上也死板。

才开始北漂的时候，他为了赚房租，没日没夜地工作，连续熬了三个通宵，拿到工资后大吃了一顿，倒头就睡。

那会儿他年轻，一无所有，拼命也应该，不然连个栖身的地方都不会有。因为足够努力，他的日子也渐渐好了起来，摆脱了贫困，开始了新的生活。

自那之后，他深知钱的重要性，便拼命赚钱、攒钱，舍不得多花一分钱，就是害怕未来某一天自己要花钱的时候却没钱花。往后几年的生活也是如此，只顾赚钱，一脑袋扎进去很难出来。

从一开始的温饱问题，到后来的房车问题，他没有一天停歇过。有时候看他的生活，我都替他累得慌。

前一阵，他给我发消息，说给自己休了个假，要去苏州旅行一圈。我心想，是好事，"笨驴"终于开窍了，知道享受生活了。

但他这次的旅行模式相当"廉价"。他买了最便宜的火车卧铺票，定的是几十元一晚的青旅，旅行的一切花销都是最低标准。其实按照他现在的工资水平，他的花销实在是有点委屈了自己，大可不必那么省。

在苏州待了没两天，他就回了北京。他说，有些麻木了，看着那些景色，自己居然也没多大的兴趣，还不如回去得好，心里踏实。

我口头上没说什么，但我知道他的"知觉"是被长久的工作给压榨干净了，让他对一切美好的事物都提不起兴趣，"行尸走肉"般，失去了生活最重要的意义。

光赚钱，不享受，那人还赚钱做什么呢？都存下来，奉献给银行？这大概是比较愚蠢的做法。

老五让自己活得像个"原始人"那般枯燥，生活没有任何调味剂，看什么什么失色，其实是一种悲哀。

一个人一味地赚钱，成了赚钱的机器，那么所有的美好就与自己没有太大的关系了。

工作的同时，不要忘记犒劳自己，把自己"伺候"得美了，工作干起来会更有冲劲。

这件事，让我想起了 Kay，一个台北男生。

今年 3 月，他途经我所在的城市，顺道来看我。

他告诉我，他从泰国出发，路过老挝、缅甸、西双版纳，最后来的昆明。

我去机场接了他，远远地就看见了他。这次与上次，我们隔了一年半的时间没有见面，这次他黑了、瘦了。他背着一个无比沉重的包，那里装着他旅行的所有物品。

看着他黝黑的皮肤，健康的小麦色，我一阵欣慰。

他以前并不是一个喜欢旅行、喜欢享受生活的人。相反，他很木讷，一切只围着工作转。

刚认识他那会儿，他正忙着开泰式餐馆，事业起步之初，任何事情都亲力亲为，渐渐有了起色之后，他马上筹备开了第二家。

虽然有合伙人，他充当的还是先锋的角色，既当老板也当服务生，是个全能人才。外人看起来很美好，其实他很沮丧，内心很疲惫、很崩溃。跟合伙人之间，总是有些鸡毛蒜皮要扯，自己本来就很累，这么一来，他更倦了。

其间也遇到一些麻烦问题，他不能解决的时候，就暴饮暴食，那阵子他胖了 30 斤。

不过也多亏了他的付出，他的店都在正常运转，生意也没有辜负他努力的初心，比较成功。

他计划开更多的店，于是考察市场，学习菜式更好的做法。一年下来，他没给自己一天假期，最奢侈的就是晚上看场电影。

他渐渐发现自己抑郁了。内心有个东西，在慢慢与他的正能量相反抗，总是产生抵触情绪。

他明白也许该放空一下自己的大脑和思维，才能让自己再次清醒过来。几乎不出远门的他，开始着手准备远行了。一部手机、一个背包，便开始了他的独行之旅。

我们坐在沙发上，小酌一口。他开始说，如果不是这次旅行，或许他还在深渊垂死挣扎。就是因为这次出来，他看到了更辽阔的世界，也感受到了不一样的风景，眼里不再是那些每天都使自己疲惫的东西。

当他在路上看到那些低低窄窄的路，高矮不一的房子，风格不一的建筑，吹着热带的风，吃着口感大不相同的水果，他就知道，生命可以有另一种活法。

不再蜷缩着自己，不再拘束着自己，让身体本能地跟着岁月的呐喊一起摇摆。

我看着他浅浅的笑，就知道他懂得了生活的真正含义。

一个人太累，就会变得麻木。麻木的深层意思，是对世间的一切都提不起任何兴趣——"心死"。有时候甚至搞不懂活着的目的。

如果劳逸结合得好，就会发现生活中其实有很多美好的东西，有很多有意义的东西存在。你不要说现在还年轻需要拼命奋斗，如果不拼命以后怎么生活那样的话。

你年轻，的确需要奋斗，但相同的，你要拼命赚钱，同时也要懂得享受，这种享受并不是指你得花多少钱，而是指懂得给自己寻个乐子，懂得放松，懂得劳逸结合，不要一味地当赚钱的机器。

不计较，才能心静

公交车上，一对男女骂得格外起劲儿。两个人全然不顾其他人，骂得脸红脖子粗，互不相让。其间有一位大姐好心劝架，让他们各退一步，有事好商量，两个人同时怒吼："关你什么事！"大姐退至一边，不再言语。

他俩的战斗持续升级，骂的火药味越来越浓烈，指鼻子瞪眼，脏话连篇，影响极其恶劣。

男子大声怒斥："我新买的鞋，就被你'隆重'地踩了一脚，你知道这鞋是新款吗？"女子也不甘示弱："我都道过歉了，你还要怎么样？这么在乎鞋，就不要上来挤公交！"

在他们争吵的过程中，大家也都弄明白了他们吵架的缘由。原来女子踩了男子新买的鞋，女子道过歉后，男子依旧不依不饶，于是两人把一点点小事情上演成了"世纪大战"，谁都不服输，要争个输赢长短。

生活中，其实类似这样的事情不少，一点不遂心意，被人惹怒，就很容易发脾气，去计较对方"不小心"犯下的错。其实说白了，有点拿别人的错误惩罚自己。实则是浪费时间，浪费口舌，浪费精力。

计较，是不大度的行为，也是痛苦的开始。从你计较的那一刻开始，你就输了。

不计较的人，往往都能收获更多，不论是心态上，还是生活上。

在一座办公楼的电梯里，有一个年轻人正默默地站在角落，等待电梯上行至12楼。电梯上升到3楼时，进来一位手持咖啡的中年人，在中年人后面又进来了好几拨人。

因为人多，中年人端着咖啡的手不小心颤了一下，咖啡液体直接洒落到了年轻人的西装上。中年人连连道歉，年轻人说没有关系，回去洗洗就行，不需要愧疚。

其实年轻人穿的是一套崭新的，也是他唯一的一套西装，他是来某公司面试的，面对这样意外的事情，他很有可能因为形象问题而直接被淘汰。他有理由冲中年人大发脾气，甚至向他索赔一套新的。可年轻人没有这样做，他表现出了绅士的风度，把计较这件事情当成一阵轻风，就此"拂"过去了。

我们来猜想一下，年轻人面试失败了吗？没有。

那个"泼"他咖啡的中年人，就是年轻人要去面试的那家公司的总经理。这个年轻人，被他当场录用，没问一个问题，也没看任何资料。

经理只是淡淡地对年轻人说，相信他，一定能做好他该做的事情。末了，经理对年轻人说，他入职时，将送他一套西装，表示歉意。

有时候你不计较，以德报怨，好运气不找自来，挡都挡不住。不计较的人生，好运在不经意间就降临在你身上，像被上帝亲吻过的幸运儿一样。

计较得多，失去得就多。同理，人越不计较，就收获越多。

清朝时的大词人纳兰性德，就是这么一个不爱计较的人。

熟悉纳兰的人都知道，他生于相门权贵之家，但心却在"江湖"飘。他很爱交朋友，交的不是权贵，而是跟他一样喜欢诗词文墨的性情中人，在这其中，他有一个玩得很好的朋友，叫姜宸英。

姜宸英是一个很有个性的人，参加过几次科举考试，但一次都没有高中。他不是喝多了酒，就是在考堂上与"监考"老师顶嘴。

纳兰为了帮助他，偷偷给他出主意，让他去求纳兰家的奴才安三，让安三去跟纳兰的父亲说几句好话。这个安三可不是寻常人，他是纳兰府掌管大小事务的人。

纳兰刚说完，就被姜宸英破口大骂了一顿，他非常愤怒地对纳兰说："我看你不是一个势力的人，才跟你交朋友的，没想到你说出这样的话，真让我失望！"

姜宸英说了一番绝交的话，便愤然拂袖而去。

若是别人，恐怕也就随姜宸英去了，不会再去过多挽留，毕竟姜宸英的话说得很重，常人一般难以接受。

可纳兰不同，他主动登门道歉请罪，表示那件事情自己做错了，希望得到姜宸英的原谅。纳兰行君子事，姜宸英的做法也让纳兰更加敬重他。

姜宸英被纳兰的真诚所感动，原谅了纳兰，两人依然为至交好友。

后来姜宸英在回忆与纳兰之间的友谊时，几度赞扬纳兰的心胸，他曾多次在纳兰面前叫嚣谩骂，但纳兰从来没有放在心上。

纳兰的不计较，让他得来真朋友，为他赢得好人品。不计较，就是朋友之间通往舒心境界的纽带。

人生在世，处处计较得失，得失也会处处跟你计较。你不计较，就是对自己最好的恩赐。

不计较的人生，才能活得舒坦、漂亮。计较的人生，会滋生出很多"细菌"，让你无所适从。

以美国心理学家威廉为例。

威廉在没有从事心理学研究这份职业以前，是一个非常"小肚鸡肠"的人，处处与事计较、与人计较，只要让他逮着可钻的空子，他就计较。

原本计较可以带给他一些精神或者物质上的满足，但他过得并不快乐，反而让他的身心受尽了折磨。

最后通过与疾病斗争的经历，他得出了一个结论：爱计较、爱算计的人本身都是不幸的，且过得不会快乐。

人是要干"大事"的，你总是不断地与小事纠缠，相对也就很难成就大事。因为你的心思都被那些无谓的小事给分解掉了。

你不与生活计较，生活便不会与你计较。你不计较，你就会拥有更多的快乐，没有人能剥夺你幸福的权利，除了"计较"。

人生最漂亮的活法，便是不计较，敞开心扉，接纳一切，容天下万物，吸万物之"灵气"，同样也吸快乐之源泉。

淡定面对曾经的痛苦

有人说过这么一句话：无视痛苦是一种能力。

对此，我表示赞同。

因为没有哪一个成功人士是每天自怨自艾的。如果他过于扩大自己的痛苦，把注意力都放在痛苦的事情上，那他就没有时间去忙别的事情。

所以说，这是一种难得的能力。

关于"痛苦"这件事，我不得不提王菜园——一个独立音乐人，因为他最有资格与痛苦这件事情"相提并论"。

我的好朋友王菜园，以前是刘德华的执行经纪人。后来经历了一些事情，他变成了独立音乐人。

2012年，他吃火锅时因为服务员操作不当，导致他全身大面积烧伤，在ICU整整抢救了7天，才脱离危险保全生命。

那时候的王菜园，烧得连亲人朋友都认不出他来了，可以说是面目全非，一副谁看了谁心疼的模样。

烧伤后，他的家人和朋友最先考虑的事情是，王菜园以后怎么办？怎么活下去？能熬得过来吗？

那是王菜园遭遇过的最痛苦的一件事情，没有之一。我在想，如果这件事情发生在自己身上，要怎么办？能不能挺得过去？我无法得出答案，毕竟自己不是事件的亲历者。

每次做完植皮手术，他移动一下，就要忍受撕心裂肺的疼痛。其实最要命的，不是身体上的疼痛，是心底的绝望。

他熬了几百个日日夜夜，才让他的身体彻底恢复过来，除了身上几道明晃晃的伤疤还在，他内心的伤痛基本痊愈。

除了他自己，鬼知道他是怎么熬过来的，怎么跟"痛苦"决一死战的。如果他把所有的情绪都发泄在自己遭遇不幸这件事情上，我想他很难走出来，也很难拥有现在的美好生活。

那他现在怎么样了呢？

依旧是阳光少年，他只是胖了一点，头发卷了一点，艺术人的"逼格"高了一点。有一次在饭桌上，他向大家举杯，道："感谢大家对我的关照，以及过往的灾难，成就现在一个脱胎换骨的我。"

他顺利熬过去了。

我们觉得他很牛，是我们心中的英雄，说的不是他取得多大的成就，而是在忽略痛苦这件事情上，他做得很了不起。

越是内心强大的人，越会觉得自己所遭遇的磨难没什么大不了的。相反，越是把痛苦放大，死死纠缠的人，就活得越痛苦，越一事无成。

我再来说一则动人的故事吧，是关于美籍华人张士柏的。

张士柏是一个游泳健将，年纪轻轻的他，有着远大的梦想。他总觉得自己有一天能站在国际舞台上，为华人争光。

可是天不遂人愿，14 岁那年，某次日常练习，他由于起跳时用力过猛，头部触及池底，造成颈椎骨断裂，高位截瘫，他成为"残疾人士"，从此再也无法站立起来。

对一个 14 岁的少年来说，老天毫不留情地把他起飞的翅膀折断了，并狠狠地踩上一脚。痛苦与绝望笼罩着这个孩子。

求天求地，都没办法再还他一副健康的身体，他在黑夜里痛哭，无力地挣扎着。

他有很多梦想，除了当优秀游泳运动员之外，他还想当救死扶伤的医生，想当创造发明的科学家，当飞奔宇宙的宇航员……总之，他的脑子里有过很多美好的蓝图，并且他相信依靠自己的努力，这些梦想一定会实现。

现在呢，他忽然觉得所有的梦都破碎了，只剩下了一堆残渣，等着自己去处理。

"你要站起来啊。"

"你要坚强啊，要挺过去。"

"会好起来的，加油。"

"我们会陪着你，别放弃。"

"很抱歉，居然发生这种事。"

……

很多鼓励的话语，在张士柏耳边响起。他发现自己不像颈椎骨出问题的人，倒像是耳朵出现了毛病，因为他听不见，直接忽视了那些安慰的话语。

身体受过重创的人，怎么可能凭几句安慰的话语就能轻松地站起来呢？几句不痛不痒的话，根本起不了任何作用。能起作用的是自己内心的力量，与痛苦做斗争的力量。

颓丧了一些时日后，他重新活了过来。身体虽然伤残了，但大脑却很清醒灵敏，可以更加专注地学习。

他把痛苦细小化，不再去关注自己本身有多么不幸，而是把更多的精力放在强化锻炼上。

刚开始的时候，他只能用嘴一页一页地翻书来读，用一支特制的笔套在手腕上，依靠稍微能活动的大臂带动小臂和手一笔一笔艰难地写字。为了不让大臂的肌肉萎缩，他让家人把一个特制的哑铃系在手臂上一下一下地举。经过不断反复练习，他终于能自己推动轮椅了。由于每天坐在轮椅上的时间超过 17 个小时，导致臀部长了褥疮，这使他连最简单的坐立都不行，只能趴在床上读书，艰难程度可想而知。

他把自身的不幸全部抹去，把注意力百分之百放在学习上。因为够勤奋，他很顺利地通过了初中考试，高中的那几年，以全优的成绩提前完成学业。毕业时，他同时接到四所名校的录取通知书。

莫大的荣耀，全部是他一点点争取来的。

一个明明不被命运怜爱的人，为什么能做到比常人还好呢？因为他不自甘堕落，不自我放弃，不拿命运的玩笑惩罚自己。

如果他一直活在痛苦中不能自已，恐怕也不会有今日闪光的一切。今日你跟他聊过往种种，或许他会把那痛苦的一切当作需要感恩的经历。

强者，敢于和痛苦做斗争；弱者，只会矫情，博得别人的同情。

人过于扩大痛苦，本身就是一种不幸。其实放在现实中不难看出，把痛苦扩大的人，都是喜欢自怨自艾的人。这种人每天都会愁眉苦脸，跟别人诉说自己的不幸。到头来，除了一身负能量，什么都没有获得。

忽略痛苦，才能离幸福更近。痛苦，是通往强大的必经之路。

生活观念要恰如其分

前不久看了一个情感节目，一对年轻夫妻来向情感专家求助。两口子发生的矛盾也不是什么大事，全是生活里的一些鸡毛蒜皮。

其中有一段我记得比较清晰。

男孩数落女孩爱乱买东西："总是买一堆衣服，也不穿，就挂在衣橱里。"女孩大声反驳男孩："我花的是自己的钱，我开心了就买，不开心就不买。跟你有什么关系？这难道就成了你数落我的理由？"女孩一脸生气。

男孩没有作声。

也许所有人都觉得女孩是对的，花自己的钱嘛，想买就买，如女孩所说心里高兴就行。

情感专家毫不客气地给女孩当头一棒："你能赚多少钱？糟

踢钱就是践踏自己的劳动力。"

她有没有想过，衣服不能用来穿，它就是没用的东西，不能给自己带来任何价值，只不过是在心理上过了一把"快活瘾"，并无多大意义。

我们的购买欲要有节制，不需要的东西坚决不要买，实在控制不住自己的时候，反复问自己，这件东西真的是自己必须买的吗？

你的消费观要恰如其分，人生不铺张浪费，幸福指数才会高。

生活里的恰如其分有哪些呢？当然是包含生活里的种种。除了消费观，还有工作里的恰如其分，为人处世的恰如其分。

在浮躁的世界，大家都贴满了忙碌的标签，很多人忙得可能连午饭都舍不得坐着吃，站着随意扒拉几口算完事。从起床到睡觉的那一刻，除了上厕所其他时间都在忙。

我所认识的 Tracy，大概就属于这一类人。

她在一家私企工作，才入职半年，就成为老板的得力助手、公司的核心人物。在成功的背后，是她如陀螺一般地工作，别人都有双休日，她自己主动加班；别人不愿意做的事情，她争着去做。

这一切怎么会逃过老板的眼睛呢？老板把这一切看在眼里，在心里暗暗夸奖她。

因为 Tracy 勤快，工作也完成得出色，很自然地就受到了老板的器重，老板习惯性地交给她更多的任务，她也从不推托。

我每次约她看个电影或吃个饭，她都是用两个字来回应我：加班。

她有永远用不完的战斗力，看上去就是一个钢铁一般的女强人。她的卖力，赢来了两种好处，一种是人格上被人尊重，一种是薪资上的提升，也就是所谓精神跟物质的双赢。

一切都是顺风顺水地进行着。

但最近，我接到了她的电话。我一开始很讶异，因为这个忙人几乎不会主动给我打电话，除非她不忙，但几乎不可能。

她在电话里几近崩溃，她说感觉自己快要压抑死了，尤其是近期每天逆反心理特别严重，一点鸡毛蒜皮的事，都可以跟家人吵一架，工作效率也跟着心情一起滑坡，远远不如以前。

我问她是不是很久没有休息了。她没吭声，算是默认。

沉默 10 秒，她说近半年都是加班的状态，没有一天休息日，甚至连两个小时一场的电影，她都没有去看过。

很显然，她这是"意志力肌肉"用完了。什么是意志力肌肉？

意志力＝肌肉。经常锻炼会增长，过度使用就会疲劳。

Tracy 把她的意志力用得干干净净，自然会陷入一种恐慌的状态当中，且一直不让自己放松，效率肯定会大打折扣。

我看过一本讲述瑞典人工作方式的书。

书里讲瑞典人非常会享受生活，所有瑞典的公司都推行每天

6小时工作制，为的就是让员工在愉快轻松的氛围里高效地完成工作。正常周末无加班，大家怎么舒服怎么来。

虽然Tracy不是非得每天只上6个小时班，但她也得保持大脑正常的运转，超负荷的工作很容易导致身体机能下降，以及工作效率得不到更好的提升。

恰如其分的工作方式，能让身体健康，能让工作效率一直保持在稳定的状态，自己各方面都能得到满足。

工作上有恰如其分一说，为人处世方面也有恰如其分的说法。

为人处世的恰如其分，恐怕能上升到一个哲学问题。这里面包括人际关系的处理。

很多人口无遮拦，喜欢把话说满说死，这都是在人际交往中比较忌讳的。

最容易犯的错就是"直爽"，其实直爽并不等于毫无顾忌。说话不讲究方式方法，很容易得罪人，哪怕是你最亲近的人。

说一个我自己的经历吧。

有一次我外婆因患肺气肿住院，那阵我刚好休息，我妈脱不开身，我代替我妈去医院照顾外婆。

我头一次去医院照顾病人，闻到医院那股气味，别说照顾病人了，自己在那儿待久了，也变得病恹恹的。

但我还是尽职尽责地照顾外婆。在医院守了四天四夜，因为空气不流通，我感冒了，外婆也感冒了。

我回到家之后，我妈问我外婆怎么样了，我说病情比之前要严重些，可能是因为这次感冒引起的。

我妈听完这句话之后，说了一句：看来年轻的女孩还是不会照顾人。

我当时听了心里非常难受。一是我自己尽心尽力照顾外婆了，本身也生病了，二是我回来我妈没有说我辛苦了之类的话语，反而怪我没有照顾好外婆。没有夸奖就罢了，还遭了数落，我心里能不难过吗？

也许我妈并不是她嘴里说出来的那个意思，但她传递给我的就是这样的意思。

毫无顾忌地说话，很容易遭人误解。说者无心，听者有意，听的那个人多少会往心里去。

这还是自己家里人，可能不会太计较，因为熟悉彼此的性格。但如果换成不是那么熟悉的人，在人际交往中，话说得不得当，是很容易误事的。

为人处世的恰如其分，也尤其重要。

其实所谓的恰如其分就是讲分寸，凡事都要讲个分寸。消费观也好，工作也好，为人处世也好，都脱离不了核心思想——"分寸"。分寸拿捏得到位，烦恼自然也会少很多。

不攀比，努力做好自己

大概是两个月前，有位妻子指着丈夫鼻子骂："你看看你，一副窝囊相，结婚十几年，除了有个孩子，一无所获，你看看你都做了些什么？"

停顿了几秒，妻子继续骂："跟你同一年纪的王睿，人家房子都买了好几套，车子买了好几辆。你呢？还在还第一套房的欠款，车也是个代步车。"

丈夫气得脸红脖子粗，妻子数落得上气不接下气。两个人不欢而散。次次如此，次次都以不快收场，物质没有越吵越多，反而感情越吵越淡，得不偿失。

她的丈夫为家庭幸福全力打拼，她看不到。她看到的，全是别人家的好。

为什么要和别人盲目攀比呢？只要自己努力了，尽了最大的能力，就没有什么好比较的。谁都知道，这不是一个明智之举。

可生活中，爱跟别人攀比的人，偏偏有很多。他们常常不顾自己的实力和对方的实力，一股脑儿瞎比较一通。然后，"完败"自己。

我认识一个人，叫静美。

这个女孩的其他特点我记不住，就记得一条，她特别爱攀比，什么东西都要比较一番。

人家穿的衣服，她要对比一下价格，对比一下款式；人家的工资，她要对比一下高低；人家的职业，她要对比一下好坏；人家的男朋友，她也要对比一下谁更优秀。

累，真累，我们都替她累，但她乐此不疲。

攀比，会让自己失去本身所拥有的幸福，也容易掉进一个"坑"里，让自己很难爬出来。不要做这样的自己，不可爱，也很累。

俞敏洪在一次演讲当中说过，人千万不要攀比，只要努力让自己成长就好。

相信大家都知道他的经历。

没有成"王"之前，他是一个自卑到骨子里的丑小鸭。

他考北大，连续考了三年。进入北大后，他作为一个"土包子"被人嘲笑。因为他来自农村，身上带有浓重的"乡土味"。

北大的生活，并没有让他觉得优越，有的还是自卑。进入北大之后，他很快发现，周围所有的同学都比他强，无论是体育还是文艺，各个方面都是。五年里，他没有交到一个女朋友。因为没有女生愿意接纳他，这更让他自卑。

怎么办呢？整日跟自己的同学去对比那些自己不具备的东西吗？例如身世，例如成绩，例如其他。

如果每天去比较，他会痛苦不堪。光自卑就够他受的了，再去攀比，那不是比要了他的命还难受吗？

当然，他也不会允许自己这么做。他只告诉自己，努力做好自己就行了，追不上，就别硬追。把自己的能力发挥到极致，无愧于心就足够了。

他在演讲中大声地告诉同学："一个人命运的改变跟上什么学校没关系，跟家庭条件没关系，跟外表长相更没有关系。所以，我们要接受不可改变的事实。不管你长得高还是矮，不管你长得胖还是瘦，请记住这就是爸妈给你的生命。每一个生命在这个世界上都会活出不同的感觉，你别在乎别人的感觉，要在乎你自己的感觉。"

他的最后一句话尤为动人：别在乎别人的感觉，要在乎你自己的感觉。

做自己吧，别去效仿别人，也别去跟别人攀比。安安静静地做自己，跟自己较劲，这比跟别人较劲要有趣得多。

我认识一个学姐。

她大概就是俞敏洪这号人物，不喜欢跟别人去做比较。这大概也跟她小时候成长的环境有关，因为她的妈妈从来不会把她与别人家的孩子比较，无形当中也影响了她。

每次别人跟她讲："你看××又买了一个限量款的包包。""你看别人通过业余时间，把硕士课程读下来了。""你看×××因为工作出色，薪水又涨了两倍。"只要她听到类似的话语，都会直接甩上一句："这跟我有什么关系呢？这是别人的人生啊，跟我没有半毛钱关系。"

每次她都能把别人呛到无还嘴之力。

她说话是冲了点，但也不无道理。自己的人生，为什么要去羡慕别人呢，为什么要去跟别人对比一下呢？

若是想得到某一样东西，不如自己努力去争取；如果争取不到，要么选择放弃，要么加倍努力。

前一阵我去西安，在出租车上跟司机偶然聊到"攀比"这个话题。

50多岁、头上冒出丝丝白发的司机大叔跟我说了这样一番话："成功没有独特的定义，自己认为幸福，或实现了自己的价值就好了，'攀比'是个很扫兴的词，不用过多去在意它。"

常人都懂得，攀比不是个"好东西"，不用你花时间去琢磨它、分析它。

再讲一个故事吧。

村子里有个出了名的爱攀比的人，叫刘结实。

刘结实太爱攀比了，什么东西都要争个高低，哪怕是超出能力范围的事情，他都得去比较一番。

比如看见村子里谁买电器了，他也要买，没钱就借钱买。

　　某次，他的邻居王老汉买了一台收音机。刘结实知道后，回家找妻子商量，说也要买台收音机。妻子再三央求他别买，一是家里经济不景气，二是家里根本也用不着这样东西，浪费。

　　但刘结实不听，还辱骂妻子，说她"不识时务"。刘结实当天跑去妹夫家里借了一笔钱，第二天就把收音机买回了家。

　　有第一次，就有第二次。刘结实所在村子里的一个组长买了一台电视机，他心想，自己家不能没有啊，咬牙跺脚，买！

　　但很快就没人愿意借钱给他了。因为之前借的，他还没有还给人家，现在已经没有人愿意相信他，"攀比"让他失去了做人的信用。

　　刘结实的攀比给自己带来好处了吗？除了一屁股债，什么都没有。盲目地攀比，就是无知。

　　曾国藩有一句话，我很喜欢："君子之自处，不肯与众人絜量长短。"什么意思呢？就是真正的君子是不稀罕去跟别人比这比那的，他们觉得那极其无聊。

　　做自己能力范围内的事，努力做好自己该做的事，比什么都重要。终日活在别人的眼光里，只会让自己受罪。

不沮丧，继续前行

有个问题：什么时候会觉得最沮丧？

有人回答：身边只有影子和我。

是的，隔着计算机，都能感觉到满屏的丧气。可沮丧的日子谁没有过呢？

业绩不佳，工作进展不顺，合同迟迟没有确定下来，奖学金泡汤，失恋等，大概都是沮丧的、不幸的。可生活不会一直顺利，总会有很多"坑坑洼洼"的路等着你去走。

说一件我曾遇到的事吧。

去年夏天，路过一个水果摊，我正巧看到了"猫鼠游戏"——城管赶，摊贩跑，那场面很心酸。

我把注意力放在一个 50 多岁的中年男人身上，他穿着朴素，眼神里透着哀求，似乎想让城管放他一马，满脸写着生活不易。

城管不管那些，他们只管眼前事，摊贩违规，只能轰你走人，不管你生活的酸甜苦辣。

　　那个 50 多岁的中年男人，话到了嘴边，又吞了下去，似乎有难言之隐。总之，他不想这么快离开。

　　他不想走的举动，惹怒了城管。先是一个，最后是两个、三个城管一起走到他面前，大声跟他说："都说过多少次了？这里不让摆摊，一次次说了都不听，非要撵啊？"

　　这话或许是说给中年男人听的，或许是说给在场的路人听的。中年男人脸涨得红红的，绷得紧紧的。

　　隔了 10 秒钟，他才开始讲话："大哥，行行好吧，我赶了将近 30 公里的路才到这里，就让我摆一小会儿，通融一下好不好？"

　　他的声音像是被空气吃掉了，没人听见他说话。他们推推搡搡，把他挤到一个角落。其他摊贩在吵闹中瞬间哄散，只剩下他一个人和他的三轮车。

　　最后抗争无效，他只得载着一车不是那么新鲜的苹果原路返回，留下一个孤单的背影。

　　那一刻，我知道他的内心是绝望的、沮丧的。一个中年男人，在此刻要向生活妥协，那该是一种怎样的心境呢？

　　可沮丧过后，生活还要继续，除了在心里咒骂发泄一下，然后再微笑继续面对生活，也想不到其他更好的办法了。

　　前一阵很火的综艺节目《奇葩说》，里面有个选手让人印象深刻，她叫吴丹妮。

　　她一出场，所有人都觉得这个人大概是来搞笑的，在辩论环节中，她的语言没有任何逻辑，装疯卖傻却有一套，很快，她就被导师"揭穿"。

导师说这样的姑娘，肯定遭受过常人没有遭受过的苦难，她身上带有一股苦劲儿。

果不其然，吴丹妮话锋一转，说出了自己内心苦不堪言的经历。

她父亲突然离世，家里的顶梁柱轰然倒塌，让她彻底崩溃，生活的重担似乎在一瞬间都落在了她的肩上。

她明明很难过，明明很沮丧，但她还是尽力把笑容展现给大家，她的痛只有她自己知道，即使她说出来，也没人可以替她背负身上的苦难。

这就是人生，大多苦难都只能一个人默默地扛。走过那段难走的路，到后来你会发现，其实苦难也不过如此。

有一句话说得很酷：别沮丧，生活就像心电图，一帆风顺就证明你"挂"了。如果你碰见了你觉得很沮丧的事情，不妨先什么都不去想，静静地发发呆，等到心情缓解得差不多的时候再去思考应该怎么解决当下的难关。

沮丧的时候可以哭泣，可以发泄。但重要的是，要把握好度，不要一味地沉浸在悲伤里难以自拔。

颠沛流离，遇见更好的自己

有一句话说得很好，如果可以选择安逸，谁愿意颠沛流离？选择颠沛流离的人，大概都是不愿意服输，想找寻更好的自己的人吧。

《月亮和六便士》里的思特里克兰德为了找寻更好的自己，丢弃完整的家庭、漂亮的妻子、可观的收入，以及光鲜亮丽的身份，带着画板只身前往陌生的城市，落脚简陋的旅馆，追逐自己的画家梦。

我们不提小说里的思特里克兰德，在现实世界里，刚毕业的路里也是这样，为了找寻更好的自己，他离开了土生土长的城市，去人人都向往的大城市寻求机会。

爸爸说："留下吧，你看家里什么都有。"

妈妈说："留下吧，我们舍不得你，怕你吃不了苦。"

"国企的工作是很好，但不是我想要的。"那大概是路里第一次那么坚定地要做他自己。

　　说不清楚为什么，只知道青春是一头张着大口的狮子，能吞下无尽的欲望和理想。总之，他需要出去闯一闯。

　　颠沛流离也好，到处漂泊也罢，20多岁的年纪，有资格不安于现状，去别的地方找个突破口。哪怕磕得鲜血淋漓，也会因为年轻，伤口愈合得很快。

　　路里拉着行李、背着包，去了深圳。母亲怕他钱不够，死活要往他卡上打5000元。

　　路里不愿意，父母好不容易把自己供到毕业，现在他有能力赚钱了，不想再花父母一分一毫了。临行前，他拒绝了这笔亲情投资。

　　去了深圳，他租了一个小阁楼，条件差强人意，他把眼前乱糟糟的东西都收拾干净，住了下来。

　　他不是名牌大学毕业，简历不是那么漂亮，好不容易找到一份工作，听上去不错，但实际上待遇也就一般。

　　他知道自己刚毕业，花钱不能大手大脚，晚上能自己做饭吃，就不叫外卖。一是卫生，二是干净。其实最重要的，还是想省钱。

　　在那家公司待了3个月，赚了第一笔钱，一共1万元。拿到这笔钱，他辞了职。当时他也说不出为什么想辞职，就觉得与公司的氛围、环境或同事格格不入。

　　经理没过多挽留，他也一心要走，离职很顺利。

　　那会儿他心里有个想法，想开一家餐馆，以后开成连锁的那种。萌生了这种想法，他打算从餐馆的基层工作做起，从一名服务生开始，了解餐厅运营的各个环节。

路里去了一家西餐厅，当了一名传菜员。他英文不错，人也机灵，比较受经理器重。

别人正常一个月换一次岗位，他只用了七天时间，就去了另一个岗位。就在他觉得梦想就快水到渠成的时候，他退缩了。

他发现自己并不适合经营餐厅，自己想错了，所以退缩了。有些事情，只有去做了才能知道合适不合适。路里就是这种人，他想做，去做了，但发现不合适，他就退了出来。

经理再三挽留，路里还是客气地告辞了。

当初死活要来大城市，来了总得做点什么吧！在那个小阁楼里，路里休息了 3 天，10 瓶啤酒、2 包烟，他一边筹划未来，一边消磨时间。

迷茫了 3 天，他理清了一点头绪，还是做回自己的老本行吧，做个程序员。但此时的路里处境比一般人要尴尬。

一方面他不是应届毕业生，另一方面也没有丰富的工作经验。所以他找工作都比别人慢，花了好几个月才找到。

那几个月他过得很艰难，积蓄不多，还要交房租，供吃喝，不想伸手向爸妈要钱，也不想向别人借钱。

于是他每一天都节衣缩食，烟减少，酒放弃。吃饭点最便宜的，点一个菜，吃三碗米饭，每天省下一顿。

3 个月后的一天，他总算找到了一家适合他的公司，所说的适合，是专业对口，工资也过得去，各方面都还不错。

就那么过了半年，他年少时的锋芒少了一点，多了几分成熟，但不油腻。看上去依旧是个有理想的青年。

路里把那半年的工资，寄了一半回家，向父母证明他过得不错，不需要太担心他。

5 年里，他流离了两座城市，搬了 10 次家。

他可以说得上颠沛流离，奔波于城市之间。时光老去，但梦想没有老，他依旧是那个刚毕业时意气风发的路里。

在追求理想的道路上，折腾过很多，其实最终还是因为不想那么快认输。你我都是如此。

思特里克兰德坚决地离家出走，找回了他自己。路里虽然还在继续奋斗，但相信他在自己的道路上，迟早有一天会拥有自己想要的那片天，只要他不放弃。

经常被别人问的一句话是，你今年多大？

于是不得不小心翼翼地回答，因为在很多人看来财富与年龄是成正比的。但在这里，你不需要那么谨慎地回答，只管大声告诉对方。20 岁至 25 岁，25 岁至 30 岁，抑或 30 岁至 35 岁？存款，零？没关系的。无车无房？也没关系的。

为什么没有关系？因为你还有一颗跳动的心，还有一颗愿意颠沛流离的心。这就是当下拥有的最大财富。

第二章
CHAPTER 2

用心爱上这个世界

很多时候，接纳自己，是对自己最好的宠爱方式。不管你是一个怎样的人，不管你有什么样的缺点，你都要正视它、直面它、接纳它，只有这样，它才能给你带来改变，让你从此爱上这个世界。

笑对世界的异样

想必人多多少少都会在意别人看待自己的眼光。

比如穿着怎么样，工作怎么样，薪资怎么样，家庭怎么样，等等。如果听到的是对自己正面肯定的话，会高兴半天；如果是负面否定的话，则要难过半天。

但仔细想想，又何必呢？别人说负面的话，终究只是动动嘴皮子，对你的生活起不了任何作用，决定自己生活的还是自己的思想与做法。

我的一个远房阿姨的女儿，叫豆子。在我们那个小县城，豆子算得上是一个读过很多书的人，豆子在那座县城，在家族里，理应受到尊重。

但恰好相反，豆子逢年过节回去，都会听到很多对她不好的评价，当面背后被亲戚指指点点。

原因是什么？因为豆子 30 岁还没有结婚，没有小孩。读了那么多书，也没有衣锦还乡，月薪也没有达到大家所认为的可观数字。

于是各种不堪的话语像"炮弹"一样，向豆子紧密发射而来。

"读那么多书有什么用？还不是给别人打工？读书没用，还不如早点出去打工，给家里省点钱。"

"读书读傻了，读得连婚都不结了，再过两年都没人要了，不如跟书过一辈子吧。"

……

豆子一开始还会为自己辩解，但后来就不理会了。因为她忙，忙着还房贷，忙着工作，忙着读书，她不想浪费太多时间在不必要的事情上。懂自己的人自然会懂，不懂的人也不强求。

一个人的自我价值，不需要别人来指手画脚。你的人生我不参与，我的道路你也别来"搞怪"。

这件事情使我很自然地想起了一个 40 多岁的北漂老赵。

老赵多年前离异，一直自己过。父母在湖北老家，他在北京接戏演戏。他虽然没有当过主角，但大大小小的角色也尝试过不少，算是跟观众混了个脸熟。

职业的原因，老赵不需要像别人那样坐班，他在北京郊区找了一处平房。

有戏拍的时候出去拍戏，没戏拍时自己在家写剧本、酿酒、烧烤、健身，他一年大概有一半的时间在外面，一半的时间在家里。

前天我们约在一起吃饭，聊到他的现状，我表示很羡慕，因为他完全过上了一种洒脱自在的生活。

他微笑点头又摇头。

他说："跟你聊天就是畅快，因为你懂我。我跟邻居是从来不开口多说一句话的。"

我没有表现得很惊讶，既然懂他，自然也懂得他跟邻居是怎么一回事。

邻居对他的行踪总是表现得很疑惑，心想这个人不知道是干什么的，要么一出去就是半年不见人影，要么就是半年不出门，非常"奇怪"。

他经常在院落里练拳击、打沙包，打得噼啪响。邻居有时候会好奇地问他是干什么的。老赵也比较幽默，跟他们说自己是流浪汉，来这里混饭吃的。他偶尔也会听见邻居们议论他，他知道自己成了别人茶余饭后的话题，他也不在乎，从不上去凑热闹，只做自己的事情。

他知道，自己与他们终究不是一个圈子的人。所以他们之间的谈话，并不会影响到他的生活。

回过头想想，如果过于在乎他们的眼光与看法，那是不是要逐个跟他们去解释？解释不仅浪费时间，最重要的一点是，你解释了他们也未必能接受，其实还是一样，他们听了还是会摇头。

因为不懂你的人，永远都不会懂你，不然这个世界上怎么会出现"三观"契合这一说法呢？

我在读者会上认识了一个女生。

这个女生很爱发朋友圈，一天保持在三四条。但是她有一个习惯，经常性地发了删，删了发，如此循环。

有一天我实在忍不住了，跑去问她原因。她说自己也不想这样，但如果看见朋友圈评论下面出现不是她想要的留言，她就会悄无声息地删除，然后再发。

朋友圈一般都是用来记录自己的心情与日常的，过于在乎别人的感受，就成了"作秀"工具了。

退一万步来说，你在别人眼里也没有那么重要，不然你回过头去想，你朋友一年前的今天，朋友圈发的什么状态，你还记得吗？肯定不记得。

同理，你记不住别人的，别人也不会记得你的。是你自己的不安作祟，以为全世界都在以你为中心发出讨论。其实没有，过后他们就会忘得一干二净，无论发生什么，都不用太往心里去。

记得高一那会儿，我代表我们班去参加英语演讲比赛。

其实并不是我的英语口语有多么厉害，而是作为艺术生，我们班普遍英语成绩都很烂。作为英语课代表的我，只能独挑大梁。

那次我很紧张。因为参赛的人很多，而且很多好学校的尖子生都在其中。我拿着英语老师给的演讲稿，在走廊里一遍一遍地读，下课时有路过的同学看见了会偷偷地笑，导致我的心理压力更大。

　　后来我跟英语老师说想放弃比赛，或者换一个同学去参赛，我怕自己表现不好，丢学校的脸。

　　英语老师特别耐心地安慰我，她说："你肯参赛，本身就是一件很了不起的事情，至少突破了自己，根本不用在意别人的眼光。别人笑话你，是因为他们无知；他们笑话你，就相当于笑话他们自己，因为他们连念都念不好。"

　　这之后，我的勇气与信心倍增。即使有同学发出窃笑，我也毫不理会。

　　等到比赛时，我把台下所有的评委当成白菜和萝卜，以饱满的热情完成了比赛。虽然那次没有得到非常好的成绩，但也超出了自己的预期，领到了一张证书，具体什么奖我忘了。这也不重要，重要的是，我学会了无视别人的眼光，同时也很感谢我的英语老师。

　　别人的评价与看法不重要，重要的是你对自己的看法与评价。

　　世界终究是自己的，与他人无关。

愉快地妥协

很多人以为妥协是一种无奈的认输，其实并不是，适当地妥协，其实是一种心理战术，它包含一种强大的力量。

妥协是为自己的幸福做更好的打算，是一种选择，并不是认输。

前年，我表妹嫁了个地道的北京人。表妹是典型的南方人，表妹夫却是典型的北方人。他们最大的区别在哪里？在饮食上。

表妹一日三餐离不了米饭与辣椒，表妹夫则一日三餐离不了面条和饺子，并且他还不能吃辣，表妹则无辣不欢，没有辣就吃不进去饭。

怎么办呢？

这件事情上，只能双方做出妥协。经过长时间的磨合，表妹夫变得能吃一点辣了，表妹呢，觉得面条偶尔吃吃也还不错。不想尝试的时候，就是你吃你的，我吃我的。

在生活上，这就算是一种愉快的妥协，少了不必要的争吵，是为自己今后的幸福做出妥协，并不是一方服输让步。

我以前租房的时候，有两个室友。但她们从不愿意打扫公共卫生，让我非常恼火。厨房做完饭不收拾，走廊地面懒得动手拖一下，公用的卫生间从来不处理垃圾。

后来我学会了变通，也不生闷气，直接摊牌。我说你们在这几样里，随便选一样来做，不想做的都交给我来处理。是拖地、擦桌子，还是倒垃圾？都可以。

其实我只是需要她们做其中的一样，但我同时把建议抛出来，让她们去选择。看似是在妥协、在让步，实际上是让她们分担自己的任务。同时让她们觉得我是通情达理的，也容易接受。

这里的妥协，并不是示弱，也不是纵容，而是一种巧妙的变通。

我曾看过一篇这样的文章。

男生很小的时候是一个非常邋遢的人，特别不注重自己的形象，有段时间连牙齿都不爱刷，晚上吃完东西一抹嘴巴，直接上床。他头发很长也不打理，指甲长了也不在乎，活得比较随性，说白了算是某种程度的懒。

因为在他的观念里，他是个"大直男"，不是靠脸吃饭的，不需要通过装扮去讨别人喜欢。

他妈说过他很多次，要注意个人卫生和形象。从小到大，除了他妈说他长得帅，没有第二个人再夸过他。

在 25 岁前，他都没有学会"把自己变好看"这件事。他嫌麻烦，穿着上随便，发型简单，一切过得去就 OK，别人怎么看，他不在乎。

当然，他也没有早恋过，一直到大学毕业，不，一直到现在，都没恋爱过。他也没有刻意去追求恋爱，有时候看到别人"撒狗粮"，也会羡慕一小阵，过后就会恢复本身的状态。

他还笑着对别人说，我是不会妥协的，你看我现在这样多好，养成习惯了，也很难改变。

但 25 岁之后，他变了。他慢慢发现社会风气变了，好像变得要"看脸"了。无论什么场合，形象似乎都很重要。

他不再执拗，在无形中开始做出变化。

他做的第一件事情就是去眼镜店，把戴了 8 年的老式眼镜框换成了现在流行的款式。接着他把一头甩来甩去的长发剪成了适合男生留的短发。数月不刮的胡子也清理得干干净净。

他花了 1000 元买了个电动牙刷，每天认认真真地刷两次牙，早晚各三分钟，吃完东西保持漱口的习惯。他每周末去游泳一次，保持身材匀称，偶尔敷敷面膜。

他买了三套西装、两块手表，分别在不同的场合穿戴，香水选了淡淡的，闻着不刺鼻的清爽款式。

慢慢地，开始有人赞美他了，说他看上去很精神、很精致，是个不错的小伙子，生活习惯肯定也很好。

其实这是他对生活所做的一种妥协。

这种妥协让他觉得开心、舒适。因为从来没有人夸过他，现在别人见到他就夸，他很享受别人对他的赞美。他也因为自己的外在变化而开心，外表的变化也让他更加自信。在工作和与朋友交往中，得到的机会更多，交友的选择也更广泛。

这种妥协有什么不好呢？

就像他所说的，要是早知道这样能给自己带来这么多快乐，他早就妥协了，不会等到今天。

还有另外一个同事，叫刘凯。

他是一名设计师，但是他跟公司里同一部门的同事相处得不是很融洽。

因为刘凯生性内向，不喜欢热闹，所以部门的聚会他从不参加。很自然地，他跟同事之间的关系就变得很疏远，他经常被孤立。

孤立倒没什么，时间长了之后，他发现自己的工作很难开展。因为同事都很不给他面子，让他非常难为情。长期在这种工作环境中，他也非常压抑，感觉大家处处排挤他。

妥协，还是不妥协？

妥协，看上去是刘凯认输，必须融入那个集体；不妥协，则还是保留自己的个性，当一个我行我素的人。

妥协看似是一件没有面子的事，其实不然。

刘凯发现了这件事情的本质之后，主动融入了同事们的圈子，跟他们一起喝酒、吹牛、聊天，同事间的隔阂也慢慢烟消云散了。

当然，刘凯的工作也不像以前那般难以开展。相反，他有什么困难，同事都会很主动地站出来帮助他。

这是他妥协之后，为自己带来的幸福感。妥协没有什么不好，不是认输，更不是让步，而是为了自己更好地获得快乐所做出的一种选择。

哪件事可以妥协，哪件事不可以妥协，自己心里要有个定数。只要不是违背道德底线，生活中能妥协的事情，视情况而定去妥协。做聪明的选择，当聪明的人，会让自己变得更加幸福。

爱，让我们像个孩子

小时候，我们是世界的中心，开心了就大声地笑，不开心了就放声地哭。无论是怎样的情绪，总有人陪伴在你身边，以你的情绪为转移。

小时候，我们会因为得到了一颗糖果而开心很久，会因为被表扬了而觉得这个世界到处都是美好，即使偶尔吵架，也能被一句话逗到破涕为笑。

长大后，我们很少放声大笑，我们的笑不是因为我们快乐，而是出于人际交往的需要，是生活让我们必须学会微笑；我们很少放声大哭，我们的哭是在角落里，在他人看不见的地方，是眼睛里噙满了泪也不让它掉下来。因为你知道不会有真正的感同身受，因为你知道那样的泪不过是一种不成熟的表现。

长大后，糖果、灰姑娘的水晶鞋、梦幻的城堡，不再让我们怦然心动。我们不再因为得到某个东西而格外欢欣，也不会因为某种失去而不可自拔，不会听到某个故事而轻易感动落泪，我们的心似乎成为一池再难以掀起波澜的水。

他们说，你长大了，你成熟了，你懂得人生了。可是这样的生活常让我们喘不过气来，我们戴着面具活得丢失了自我，我们与那些美好渐行渐远。

我们的内心多么渴望还能做回那个孩子——做回那个即使什么都没有，可是能快乐地做自己的孩子，那个容易满足的孩子，那个享受甜蜜的孩子。

童年，是永远回不去了，只能是怀念。

可幸运的是，我们还有爱，我们还能被爱，这让我们可以永远像个孩子。因为，无论一个人有多么坚硬的外壳，在他的内心深处总是渴望有爱的阳光，总是希望有人能为他送来一份温柔。在爱里，我们可以永远都长不大。

公司有一个年轻的女领导，人称"灭绝师太"，做什么事情从来都是雷厉风行，决不手下留情。公司高层非常赏识她的能力，因为她凡事都能独当一面。

在形象上，她也是走干练风，头发只有短和更短，衣服只有职业和更职业。

虽然同事们都认可她的工作能力，但对于她这种"工作狂"的模式还是不太认同。除了工作，她的生活基本就没剩什么，连身边的人都替她累。

她的气场和掌控力，常让同事们觉得没有一个男人能驾驭得了她。然而，她偏偏就找到了这么一个人，一个看起来憨厚的男生。奇怪的是，自从她谈了恋爱之后，她的工作和生活乃至整个人的状态都有了改变。

从来不会主动关心同事们生活的她，也对同事们多了一些笑容，偶尔会和同事们谈谈生活中的琐事，问问大家的情况；在工作上，对犯了一些小错的或者不方便加班的同事多了一些理解；重点是，她的周末由排满的工作到渐渐有了些自己的空间。在朋友圈，能看到她和男朋友共度美好时光，她也会穿裙子，也会吃冰淇淋，也会像个傻子一样对着镜头笑，也会小鸟依人般地靠在男朋友的肩头。

"拼命三娘"不再那么拼命了，"灭绝师太"不再那么干练了，可这样的她脸上的笑容越来越多，言语间的温暖越来越多，生活过得越来越丰富，越来越有魅力。她似乎更懂得人性的关怀，反而越来越受同事们的支持。

不再高高在上的她，让我们看到了她真实的一面，也是可爱的一面。

在后来的某次聚会中，我们才听她讲起一些从前的事。她是从农村出来的孩子，也是家里的老大，从小她就知道凡事都要靠自己，只有走出去才会出人头地，只有出人头地，她才有能力给家里更好的生活。这么多年都是一个人咬着牙挺过来的，她已经忘了依赖是什么，她也没觉得有什么是值得依赖的。

直到遇见她现在的先生，她才知道原来她缺失了一种生活，原来她也能卸下一身的防备和坚强，像一个孩子般撒娇，像一个孩子般被人细心地呵护。

不是每一个人都是天生的强者，是经历让他们不得不变强。如果有一个能依靠的臂弯，谁不想快乐而自由地生活呢？生活中有多少这样值得心疼的人！

有些人即使遇到了爱情，依然在爱情里独立懂事，害怕习惯了依赖而丢失了那个向来坚强的自己，害怕自己的依赖给对方带来麻烦，一切都从对方的角度出发。他们在爱里小心翼翼，不作、不闹、不依靠，受了委屈也要展现大度的一面，明明很想得到呵护却死撑着坚强，守护着这一段来之不易的感情。

然而，好的感情不是教会你越来越懂事，而是能把你宠成一个孩子，也让自己变成一个孩子。哪怕在外人面前是光鲜亮丽、位高权重的大人物，在爱人面前也能放下防备，做回内心的那个自己，这就是真爱。

如今，依然有很多人把婚姻看成是人生必须完成的任务，他们所寻求的结婚对象不是懂事，就是成熟；不是温柔，就是识大体。可是，这不是爱，这仅仅是适婚对象。爱对了人，何来这样多的标准呢？爱对了人，只会加倍珍惜你所有孩子般纯真的品性，让你在生活的泥淖中依然能有一片属于自己的洁净。

愿你终将遇到一个人，爱你、疼你，把你捧在手心里，让你越来越柔软，越来越快乐，让你重新变成一个快乐的孩子；愿你终将成为这样一个人，懂得爱，付出爱，让对方越来越像个孩子。你们的爱简单、纯粹，有一种沁入心底的快乐。

曾经，我们都很用心

不知从什么时候开始，我们表达爱的方式变成了"发红包"。

过生日了，发个红包表示心意；结婚纪念日到了，发个红包纪念一下；过年了，发个红包表达祝福……红包似乎成了有意义的日子里最"隆重"的礼物。

"清早收到郑先生的红包，纪念日快乐！"

"谢谢亲们的祝福，收到这么多的红包很开心。"

"刘先森的 1314，明年是不是就是 5200 ？"

……

但凡这样的日子，朋友圈里都是各种晒红包，晒红包就是晒幸福。

的确，发红包是一种简单有效的方式，收到的人感觉到幸福满满，发红包的人也不用花心思。每个人足不出户，就能凭一个红包解决人情问题。弹指之间，情意相通。

可发红包真的是一种走心的祝福吗？你确定你的内心是期待红包多于礼物吗？

比如，今年生日你发了我520，明年生日我也还你一个520，这就是红包的形式，简单到就是一个不同时间段的转账操作的流程，有时甚至连祝福语都可以不用。

比如，别人到你家做客，直接给你发个红包，还很有诚意地和你说，我也不知道你家小孩喜欢什么，你们让他自己选个礼物吧。

比如，你帮了别人一个很大的忙，对方给你发个红包，配文则充满了深情："真的非常感谢你给我的帮助，我会一辈子记在心里。"

比如，你的老公在你生日、结婚纪念日、情人节都记得发红包给你。

你确定，你真的喜欢这样的形式，也感受到对方满满的诚意了吗？

如果听听你内心的声音，你会发现，很多时候不是我们更喜欢红包，而是我们都没有了选礼物的用心。你不想选礼物，他不想选礼物，一切以省事为原则，又能有感谢的意思，就这样一起随意着，慢慢就成了一种习惯，最后成了一种社会现象。

黎姐带了两个徒弟，都是年轻的妹子。过年的时候，其中一个一般是在微信上发一段祝福，然后发一个很大的红包，她认为已经对黎姐表示了感谢。黎姐当然不会表现出不开心，也会在线回一个红包，给予礼貌性的回应。

而另一个徒弟每年都是带着自己挑选的礼物上门拜年，黎姐则专门腾出半天时间来陪这个徒弟，有时就一起在厨房做做饭、聊聊天，两人一直保持着很家常的师徒情谊。

那个发红包的徒弟老觉得她走不进师父的内心，两人之间总隔着点什么。她都没有真正用心去走过，又怎么会走得进去呢？她的红包在师父眼中就是最世故的表达。

也许另一个徒弟的礼物并不贵重，甚至比不上那个徒弟的红包金额，可这份礼物带去的是她的心，是能彼此相处在一起的时光，这是再大的红包都替代不了的。

你是怎样用心，我就以怎样的用心回应，这是人之常情。

结婚纪念日的时候，伟哥瞒着老婆让她的家人及关系好的朋友们每个人录制了一段祝福的话，并且在这些年他们一起收集的去过地方的明信片上写了一段心里话。当天，伟哥就在家做了一顿家常晚饭，把房间布置得很有浪漫气息。

两人吃完烛光晚餐后，就靠在沙发上看朋友们的祝福视频。正当两人都感动不已的时候，伟哥递上了一束花和一个盒子，盒子里装着他写的那些明信片。

伟哥的老婆把这些分享在了朋友圈，瞬间就引发了朋友们"爆炸式评论"。

"为什么好老公都是别人家的？"

"这样的老公我怎么没有？"

"我老公就给我发了个红包，就是敷衍啊！"

……

她的幸福，是他创造的，而他不过是变化了纪念的形式而已。一个小小的举动，效果完全不同。其实，每个人的内心都渴望着这样一份礼物，真正的用心能让所有人感受到。

当然，发红包也不是不可以。

发红包可以是一种群体性活跃气氛的方式：就像过年的时候，大伙玩一玩发红包的接龙游戏，不在乎钱多钱少，就是图个气氛和乐呵；就像你有件很开心的事，在朋友群中发个红包一起分享喜悦；就像你新入一个群，用红包的形式在群里亮个身份等，这些场合发红包并不代表着你不用心，就是一种群体活动，倒是无可厚非。

发红包有时也可以是一种"自罚"的方式，如聚会迟到了在群里发个红包表示歉意，没赶上集体性的活动发个红包表示你的祝愿等。

但发红包只会给人一种短暂的兴奋，绝不会是走心的感动。

你有多久没有用心给你在乎的人准备礼物了呢？哪怕是一封

信，一个娃娃，一本精美的笔记本……

你有多久没有收到别人为你用心准备的礼物了呢？哪怕是一个音乐盒，一本书，一首为你唱的歌……

如果你已经很久没有过这样的体验，你的心正在渐渐麻木。

来而不往非礼也，每笔人情都是账，不管是红包还是人情，终究是要还的。可还的形式不同，其情感交流的深度也不同。让时光倒流，找回你曾经的那份用心。

一份用心的礼物的分量，远胜于一个动动手指就能发送的红包。

给对方一次心的跳动

爱情是甜蜜的，是因为在相爱的过程中会有新鲜感，有浪漫感，有陪伴感，有激情，而且双方都愿意为彼此用心去点缀生活。可时间是刽子手，它往往会把爱情里种种甜蜜都慢慢地扼杀，两个人在一起久了之后，往往就有了倦怠感。

那份为了对方不顾一切的勇气，那为博对方一笑而全力以赴的心意都慢慢磨灭了，只剩下平淡日子里的习惯以及日复一日的相对无言。

所以，有些人渴望寻求新的刺激，有些人觉得婚姻是坟墓，有些人对爱已没有了热情。其实，爱从来没有走远，而在于你们如何维持。

让爱重新活过来，给对方一次心的跳动。

桃子和男朋友是在朋友的聚会上认识的。那天，桃子在聚会上唱了一首歌，顿时就让男孩有了心动的感觉。后来，男孩主动向桃子要了联系方式，两人渐渐熟悉起来。桃子是个有颜值、有才华的女孩，而且性格外向，追她的人自然不在少数。

男孩很喜欢桃子，为了追她没少用心。在相互了解的过程中，桃子也爱上了这个男孩。两个浪漫的人在一起，爱情自然令人羡慕，他们是被人称为郎才女貌的一对。

桃子是陈奕迅的忠实粉丝，谈恋爱之前，凡是陈奕迅的演唱会，她几乎都要追到现场去看。谈恋爱之后，虽然两个人喜欢的东西不一样，但爱屋及乌，男朋友也会陪着她继续她的追星之路，看她想看的演唱会，听她喜欢的歌，这也是桃子决定和男孩在一起的原因之一，因为他会陪着她做她喜欢做的事，爱她喜欢的人。

结婚以后，桃子渐渐没了以前的疯狂劲儿，毕竟不是那样自由的自己了。而且，老公的重心也渐渐放在了事业上，两个人没有时间做那些小青年的事。

尤其是有了孩子以后，桃子更是一心扑在孩子身上，做家务、带娃，就是家庭主妇的形象，完全没有了当年的娇媚模样，更别提和老公有什么甜言蜜语、浪漫之旅了。

两个人的日子逐渐归于平淡，一个上班、加班，一个上班、带孩子。桃子的老公有时也会因工作中的烦心事和家庭的压力发脾气，而桃子边上班边带孩子也是烦恼得很，两人常常会因为一些琐事闹矛盾，把彼此不好的一面都展现给了对方。

桃子认为，老公不是当初追求自己的那个男孩了；老公觉得桃子也没有当初的颜值和才华了，女神的地位似乎慢慢降了下来，可彼此都想好好珍惜这份感情。

某次，桃子的老公在同事那儿得知陈奕迅要开演唱会。他偷偷地买了两张票，把桃子约到了开演唱会的场馆。桃子很意外。那天，他们在演唱会的现场重新回到了他们热恋的时候；那天，是桃子结婚以来最有幸福感的一天。

她仿佛又是那个阳光少女，他们仿佛又是那对甜蜜恋人。

那种感觉，原来他们都还记得，只是没有被唤起。

回来之后，桃子在网上订了到巴厘岛的旅行，那是他们度蜜月的地方。她想让这种心动的幸福感再持续久一点，因为她太久没感受到了。

他们把孩子放在了老家，开始了两个人的旅行，那里就是两个人曾浪漫过的地方。每个地方似乎都有曾经的影子，每走到一个地方都像是找回了一些曾有的感觉。

桃子的老公忽然下定决心，他要重新追求一次桃子。

日子虽然依旧要回归到平常，可老公会给桃子准备爱心早餐，会给她送爱心便当，会买情侣装，会在每一个重要的日子去接桃子下班……

而桃子也慢慢跳出那种家庭妇女的状态，会重新拿起她爱的吉他给老公唱上一首歌，会在家里摆上他们都喜欢的花，会让她的偶像重新走进她的生活……

日子还是那个日子，可他们度过了婚姻的平淡期，重新找到了心里的热情。

心没有波澜的一刻，往往就是爱情失去的时刻。激情终有一天会褪去，那感情用什么来维持呢？不需要时时刻刻的惊喜，只需要偶尔有那么一次心跳的感觉，就能找回曾有的记忆，就能让爱重新活过来，就能在平淡的日子里留下很久的余味。

如果你的爱情也遇到了这样的瓶颈，试着找找那曾让你心动的感觉，试着回到曾让你心动的场景，让彼此的心再次跳动起来，你会发现，你们的爱情依然在你们的血液里。

爱情最初不就是源自怦然心动吗？

"心不动，人不妄动，不动则不伤；心动，则人妄动，伤其身痛其骨"，有伤才有爱，有伤有爱才是爱情的模样。愿你遇到那个让你心动的人，也愿你在平平淡淡的日子里保留一份心动的能力，并且有让对方心动的能力。

让每天都值得被回忆

2017 年，在央视《朗读者》的某期节目中，一位 96 岁高龄的老先生感动了全场，并引发了全网的讨论，他就是翻译家许渊冲先生。

许渊冲先生曾留学英法等国，精通英语和法语，一生致力于翻译工作。他既将中国的优秀作品推广至国外，又将外国优秀作品引进来。然而，令网友深受感动的不仅是他在文化传播方面的成就，还是他在台上饱含热泪的诵读，是他以这样的高龄仍然坚持每天工作到凌晨三四点的奋斗状态，是他的那一句：

"生命不是你活了多少日子，而是你记住了多少日子。"

一位受人尊敬的长者把一生的阅历分享给所有人，这是关于生命的意义。有些人活到 100 岁，可回忆起他的一生就是平淡的重复，没有多少让其落泪、温暖、激动的瞬间；有些人可能只拥有短暂的一生，但是他的每一天都有分量，足以写成书。人的一生何其短暂，又何其漫长。这一路的岁月，你如何与之相处呢？

我有个朋友大学毕业之后就回乡下做了一名普通的乡村教师。大学的时候，他也曾被人称为"才子"，是有几把刷子的人。但是工作之后没多久，就老听他在同学群里抱怨日子太无聊，每天没事做，工作也没什么意义。

他每天的生活状态就是睡到快上课的时间到教室上个课，等下班了就窝在宿舍里追剧、打游戏。周末不是睡觉，就是玩手机，偶尔和朋友们到市区溜达。

同学们偶尔会给他提建议，让他把自己的日子过出点仪式感，自然就有味道了。可在他看来，当下的生活完全没有可创造的价值，做什么也不会给人看见。

这样的日子的确无聊，一眼望到头，可能就是这样浑浑噩噩到终老，再也没有什么值得期待的波澜。把生活过成了平庸日子的叠加，这是对生命最大的浪费。

然而，现实生活中，多数人的日子何尝不是这样，追求安逸，享受安逸，舒服就是终其一生的目标。混日子，就是很多人的真实写照。

邻居家的女孩被学校派到边远的山区支教，在那里没有人监督她，她完全可以混日子，一些派去支教的老师就是这样做的，完成一个任务而已。

可她不一样。

上班时间，其他老师除了上课外，都会坐在一起闲谈，她就在自己的办公桌上批改作业，一遍又一遍地备课。放学的时候，她陪着孩子们一同走回家，听他们说说在学校发生的事和或好或坏的心情。晚上回到宿舍，她不是写教学日记，就是通过阅读、练字等方式来提升自己。

除了上课，她带着孩子们一同阅读，开展丰富的课余活动。支教的日子里，她不仅没有感到无聊，甚至觉得时间完全不够用，因为总有新的事情要去做。

她把一个新的世界带给了孩子们，也深受孩子们的喜欢。孩子们把一封封深情的信写给她，把一个个亲手制作的小物件送给她……她把她的支教生活都写进文字，每次她在朋友圈分享点滴的生活记录，都会有很多的人被她的文字所感动。

同样的工作，同样的环境，却能过出完全不同的滋味。一个把生活的仪式感丢失了，一个把生活的仪式感刻进了生命，她的仪式感就是让每个日子闪光。

日子精不精彩，并不在于我们处在怎样的环境中，或者我们是怎样的身份。无论什么条件，想过怎样的日子都是由你自己决定的。

我想，这个女孩这一年的日子应该值得她用一生来回忆了。

生命的长度不是我们能决定的，可我们能无限地拉开生命的宽度和厚度。

给每个日子增添一抹亮色，哪怕是阅读一本书，哪怕是看一场音乐剧，哪怕是一趟远行，哪怕是打理一盆花草。走出自己的舒适圈，给自己一些前所未有的经历，也许会比从前过得辛苦，可至少不是昨天的重复，回忆起来也是甜的。

让生活充实起来的方式有千万种，关键在于你怎么想，怎么做。

如果让你和他人分享你的人生，你有多少阅历能成为他人前进路上的财富？如果你的生命进入了倒计时，你的记忆里有哪些瞬间会闪现在你的眼前？如果把你的一生写成一本书，你有多少故事能被记录？

如果你的后代问你，他的一生应该怎么度过才有意义，你能否给他一个有底气的答案？

"人最宝贵的东西是生命，生命属于人只有一次。一个人的生命应该这样度过：当他回首往事的时候，不会因虚度年华而悔恨，也不会因碌碌无为而羞耻。"这是《钢铁是怎样炼成的》中的一段话，也是关于生命意义被引用最广的话。

如果你能为这个目标而奋斗，你的每个日子应该就值得被回忆了。

生命不是数着日子过，这样只会被日子湮没了。给你的生命更多仪式感，为你的生命赋予更多的意义，让生命中的每个日子值得被回忆。

爱，需要用行动来表达

常言道，爱到深处自无言。可这无言的爱，你真的能感受到吗？

很多成年人，尤其是男孩子，在长大之后回忆起自己的爸爸，往往都带着一种自责。因为在他们年少的时候，爸爸总是沉默寡言且极其严肃，他从不懂得如何表达爱，只是以父亲的身份带有一种威严，让自己的孩子保持正确的方向。

一个不愿意表达，一个不能理解，父子之间的矛盾越来越大，鸿沟越来越深，要等到孩子也为人父母的那天，才懂得这份爱的深沉。

你不说，我不说，我们不一定彼此能懂。勇敢地说出爱，是沟通的桥梁。

比如，不管多么想保持做家长的威严，也要告诉孩子你爱他；比如，无论多忙，都别忘了让爱人安心，让他（她）相信你不会因为事业而不在乎他（她）的感受；比如，即使遭遇再多的挫折，也要给身边最亲近的人一个拥抱，让他们明白你始终都在……只有你表达了，对方才会真切地感受到，否则就是在猜测中让关系紧张。

表达就是最直接的方式，它会把你的所思所想传递给对方。

爱的表达不仅在言语，更体现在行动里。

好朋友小敏去年通过相亲交往了一个男孩，小敏 26 岁，男孩 28 岁。

两人刚认识的时候，小敏对其印象其实很一般，不过男孩表现得比较热情，小敏就怀着试试看的心态继续下去。平常男孩很关心她，随时随地都会给她发信息。

"今天会下雨，记得带伞。"

"降温了，注意别感冒了。"

"这么晚了，加班要注意安全！"

"出去玩要提前订好旅馆，保持手机畅通。"

……

最初听到这些话的时候，小敏总是会感动，认为这个男孩很贴心，也很关心自己。可是时间久了，小敏忽然发现他所有的关心都停留在嘴上。话都是暖心的，可很多事情依然是小敏一个人面对。

某次，公司留下部分同事加班，小敏是其中之一。临结束的时候，其他女同事的老公或男朋友都来单位接人了，唯独没有小敏的男友。微信里，她的男朋友依然是关切的语气，"加班那么晚，回家要注意安全""到家了给我发信息"。

　　那一刻，小敏意识到所谓的爱对她而言那么不切实际，因为他连基本的付出都没有。过 27 岁生日的时候，小敏在外地出差，时间是周末。那天晚上 12 点，小敏准时收到了男朋友的祝福短信，原本以为会等来什么惊喜，结果就在等待中过了一天。

　　虽然两个人没有争吵和冲突，小敏最终还是提出了分手，她听到了爱，但是感受不到爱。她已经过了听花言巧语的年龄，她希望在对方行动里感受到爱。

　　是啊，真正爱一个人，怎么会只是口头表达呢，他的每一个行为都是为对方着想的。他怕你饿着、冻着、不开心，就会把好吃的、好用的、好玩的送到你面前，就会用他的全身心让你感受到他的存在是你的依靠。

　　爱的表达就蕴藏在每件细小的事情中：陪她看一场她喜欢的演唱会；给她做一顿她最喜欢的美食；和她一起陪她的父母过生日；在她无助的时候，为她想办法共同解决问题……鸡毛蒜皮的小事里就能让人从心底感受到你的爱。

　　如果你真心爱一个人，就把整天发的"好好吃饭""按时睡觉""注意安全"的信息，变成你做好的便当送到她办公室，你陪着她到楼下吃饭，无论多晚你都送她回家的行动吧！这样才会让对方感觉到真正的在乎。

　　"我爱你"这简单又不简单的三个字，你是否有勇气说出口？爱要说，才能让对方明白你的爱；爱更需要用行动来证明，才能让对方感受到你爱的深度。

会用行动来表达爱的人，才是真正懂爱的人！

学会欣赏别人

一个小女孩跟她父亲在公园里散步。

公园里的一棵大树下，站着一个紧裹大衣、头戴围巾的老奶奶，她正专注地仰望着树上的花朵。她虽然衣着朴素，但她的穿着与季节不合时宜。

小女孩很快发现了这位打扮"异常"的老奶奶。她马上对父亲说："爸爸你快看那个老奶奶，她的穿着太搞笑了。"

小女孩以为父亲看见老奶奶的第一反应是跟她一样觉得搞笑。但此时她的父亲表情非常严肃，甚至可以说有些生气。

沉默了一小会儿，父亲对女儿说："我发现你缺少一种本领，就是欣赏别人的本领。这说明你在与别人的交往中缺少了一些热心和友善。"

说完之后，他牵着小女孩的手，走到那位老奶奶面前，满脸真诚地对老人说："夫人，您欣赏鲜花的神情真令人感动，您使这春天变得更美好了！"

老人听完这位父亲的赞美，非常开心，她马上取出随身携带的小饼干，一边递给小女孩，一边夸她漂亮。

这个小女孩，就是希拉里。

她非常感谢她的父亲，教她怎样欣赏别人的长处，她说那是她人生当中最重要的一课。

生活中，我们最喜欢带着极其挑剔的眼光去看待别人，把别人的缺点用放大镜放成无限大，从而忽略别人本身的优点。

可是你看见什么，那就是什么啊，你所看到的，都是你内心的投射。正所谓眼里有光，就能看见光。

著名企业家卡内基说过一段很精彩的话。

有人问：怎么与有缺点的人相处？

他答：盯住他们的优点，忘记别人的缺点就行。

卡内基能从一个平凡的纺织工人破茧而出，也许从很大程度上要感谢他的继母，让他从小就明白了这个道理。

他很小的时候，异常顽皮，向邻居家扔石头，把臭气熏天的死兔子装进木桶里，父亲拿他毫无办法。

他的继母把这一切都看在眼里，她说卡内基人不坏，相反他非常聪明，只是他的聪明还没有用到点子上，还没有得到很好的发挥。

继母看见的，全是卡内基的优点。继母潜移默化所做的，卡内基全学到了心里。

以上这些，都可以称为懂得欣赏别人，与别人的优点相处。

我有一个好友，她爸妈总是吵架。吵架的理由是相互看不惯。

好友说，她妈妈总认为自己是对的，做什么都是对的，而看她爸爸呢，什么都是错的，身上也无任何优点，她妈妈总认为她爸爸什么都不是，还一身缺点。

所以他们过得如何呢？很不幸。

他们几十年来吵闹不断，但又美其名曰，为了孩子不离婚。两个人过得都很压抑，究其原因，就是好友的父母学不会看人长处，两个人互相看不惯。

她的爸爸，爱做饭、顾家、体贴，这些优点好友的妈妈是看不见的，因为她爸不会赚钱，她妈妈于是否认了她爸爸的所有优点。

她爸爸眼里的妈妈呢？脾气暴躁，性子泼辣，不温柔。但是她妈妈也有好的一面，比如"刀子嘴、豆腐心"，非常节约，不乱花一分钱，勤快闲不住，很会理财。

当一个人眼里看不见对方优点的时候，就是两个人矛盾的爆发之时。

如果好友的妈妈能试着发现她爸爸身上的闪光点，她会觉得很幸福，不会成天只觉得自己活在不幸当中。

你有多挑剔，你就有多不幸，因为你的眼里看不到别人的好，所以你感受到的便全都是不幸。

一个人的聪明之处，在于发现别人的优点，欣赏别人的优点。你的挑剔，看似是挑剔，其实就是不擅长发现别人的好，说白了就是"狭隘"。

我同学的妹妹，前年去上海实习，跟人合租一处。

同学妹妹死活跟她室友合不来，逢人就叨叨，逢人就抱怨。并没有大不了的事，她吐槽的不过都是一些鸡毛蒜皮的小事。例如抱怨她室友总是懒懒散散，生活习惯很糟糕，从来不打扫公共卫生，从来不主动倒垃圾等。

时间长了，什么也没改变，她倒是变成了一个怨妇。

同学反问她，你室友除了这些外，有什么优点吗？

一开始她妹妹还支支吾吾，隔了两分钟，她妹妹脱口而出，说她室友会赚钱，利用一切时间赚钱，人脉很广，擅长交朋友……

同学问她妹妹，为什么不学习学习人家的优点，成天小肚鸡肠地揪着别人"小辫子"，能把日子过好吗？妹妹沉默不语。

没有一无是处的人，换个角度看别人，学着欣赏别人，把他人的优点为自己所用。

大文豪苏轼也经历过这样的事情。

苏轼喜欢佛学，经常与人谈论佛道的禅学，所以与佛印禅师的关系也比较好。

某天，他跟往常一样上门拜访佛印。

佛印笑眯眯地对苏轼说："苏轼呀，我看你像一尊佛，我想知道我在你眼里是什么呢？"

苏轼想也没想，回道："我看你是一坨屎。"

其实他是想为难一下佛印。

果然，佛印听了默然不语。

苏轼回到家之后，把今天发生的事情一五一十地告诉了苏小妹。

苏轼说完后，还在为自己的机智飘飘然。

苏小妹叹了口气，随即又摇了摇头。

苏轼不解。

苏小妹说："哥哥，你为人境界太低，正所谓一个人心里有什么，看到的才是什么。佛印境界高，他心里是佛，所以看万物都是佛。而你呢，心中有屎，看别人也都是屎。"

不管故事是否属实，道理却是铁一般的事实：心中有什么，看到的就是什么。

一个人什么时候最为丑陋？大概是嫉妒别人的那一刻，或者对别人的优点视而不见的那一刻，尤为丑陋不堪。

要想让自己变得美丽芬芳，不妨从学会欣赏别人开始。

怎么欣赏一个人呢？很简单，先从欣赏自己开始。自己有什么优点，罗列一番，夸夸它们，赞美它们。把赞美优点当成每天必须做的功课，渐渐养成一种习惯，然后试着发现别人的闪光点，赞美别人。

第三章
CHAPTER 3

不慌张，不迷茫

活在 21 世纪，我们每天都行色匆忙，快生活、快节奏，完全忘了生活的意义。到底什么是生活呢？我们应该都知道的，人最后的归宿是死亡。既然早晚都要死亡，何不趁活着的时候慢慢感受生活呢？

别走太快，等一等灵魂

演员王鸥在一档节目中泪水滂沱地向逝去的父亲大声告白，每一字每一句都像是在忏悔。她说如果时间能回到几年前的那天，她一定会放下手头的工作，去陪她的父亲走完最后一程。

如果她能回到过去，也不会有今日的告白，更不会有现在的忏悔。因为她回不去，留下了永久的遗憾，她的痛哭感动了现场所有人。

她走得太快，失去了陪伴。这个痛成为内心永久的伤，很难愈合，想起一次，便要痛一次。人要放慢脚步，走得太快，会忘记什么是初心。

给自己留点时间，不要亏待自己。走得太快，灵魂追不上。

我的朋友王老师是个多才多艺的人，因为他学习的东西很多，所以我以为他对自己格外严格，但事实证明我错了。

有一次我与王老师聊天。我问他每天的作息时间，是不是一天只有不到四个小时的睡眠。他摇头，他说他工作学习都照常进行，从不"刻苦"，每天工作的时候认真工作，学习的时候认真学习，但不违背自然规律，从不熬夜。

如果用劲太狠，自己也感受不到每天忙碌的意义。慢着来，效果反而会更好。我点头赞同。

既要工作也要慢下来享受，不然就成了机器，体会不到美好。就像他画一幅画，他也许可以很快完成，但那幅画或许会缺少点灵气与新意。如果他画得慢，就大不相同，他的眼和心与他一起感受和领悟，他能画出更好的作品，有些事情本就快不得。

火遍大江南北的黄渤，在一次采访中与记者畅聊自己的戏外生活。他透露，自己每年演戏绝不会超过三部。

或许很多人会讶异，趁正红，为何不多接戏，多赚点钱？当然，记者也跟寻常人一样的想法，问他为什么要这样选择。

他说很简单，他是个正常人，不是工作的机器。他有血有肉有知觉，他要感受生活，才能更好地塑造人物形象。

他的作品虽然减少，但你能看见的是，部部都是精品。影院买单，群众买单，于他而言就已足够。

我读过这样一个故事。

有一只没有脚的鸟，一生必须不停地飞。累的时候也得飞，没有休息之时。它什么时候可以享受安宁？死亡之日，才是它的安宁之时。

我替这只鸟悲哀，但没有办法，因为它没有脚，所以它停不下来。

于是我不禁想到我们人类，我们很幸运，我们有脚，可以停歇。可有些人偏偏就不愿意歇一歇，非得把自己弄得像没脚的飞鸟一样，死命往前赶。

在这里很想借用另一则故事，来开解那些匆匆赶路的人。

一个英国人到云南古镇旅行，他看那里的人活得很随性，很自在惬意。他来自英国大城市，古镇的环境与氛围都让英国人本能地对看到的一切充满疑惑。

于是他找当地的一位老妇人寻求答案。

他问：为什么你们都活得这么悠闲？

老妇人反问：人的最终结果是什么？

英国人迟疑了两秒，回答：是死亡。

老妇人这时才慢吞吞地回答英国人的问题：既然是死亡，要那么急做什么？

很显然，生命是过程，并非结果。结果我们都猜测得到，最未知、最期待也最应该感受的，是过程。

当初看林清玄的一本书——《现在就是最好的时光》，找到了关于"慢"最好的回答。

里面有个片段，说的是现代诗人周梦蝶。

周梦蝶做什么事情都很慢，尤其吃饭，每次都要嚼碎了才咽下，最长的一顿饭要吃两个小时之久。

林清玄很纳闷，问他为什么。

周梦蝶回复说："如果我不这样吃，怎么知道这一粒米与下一粒米的滋味有什么不同呢？"

他的回答，就好比在回复世人，为什么自己能写出那么空灵的诗词一样，都是因为时间赋予了灵气。

还有一则故事。

几个教授去非洲做研究，请了当地几个挑夫。

挑夫非常卖力，从不抱怨，挑着行李从日出到日暮，行走了六天。但到了第七天，挑夫不愿意再赶路了。

教授非常生气："我们付了钱，为什么你们不赶路了？"

挑夫很严肃地回答："我们身体跑得太快，灵魂跟不上，要歇一歇，等等灵魂。"

最简单的道理，挑夫懂得，人生的意义，不是为了赶路而赶路，是从容地感受路边的风景。

活在 21 世纪，我们每天都行色匆忙，快生活、快节奏，完全忘了生活的意义。到底什么是生活呢？就像那个老妇人说的，人最后的归宿是死亡。既然终要死亡，何不趁活着的时候慢慢感受生活呢？

每一天，都认真度过

　　我掰了掰手指，口中念念有词，试图算出自己浪费掉的日子。但没多久我就放弃了，因为我十个手指加起来都无法计算出到底有多少。一是手指不够，二是我实在是记不清。或许浪费掉的那些时日加在一起，够细细品读 20 部《红楼梦》吧。

　　或许很多人都有这种感觉。一天下来觉得自己工作也没多少，但实际完成的小时数，早就超过了应该完成的小时数。

　　原因是什么？

　　很简单，该工作的时候，东一榔头，西一棒子，刷刷微博，看看抖音，逛逛知乎。很快，两小时没有了。开小差的时间，比工作的时间还多，不"忙"才怪。

　　工作效率低，任务完成不出色，时间也速速跟自己说拜拜，一天下来，一无所获，价值只够混口饭吃。

　　这不禁让我想起哈俐。

　　哈俐是个做作业都要拿手机放电视剧的主，她说做作业太无聊了，没有什么东西陪着她，她就无法继续。

几乎每天如此，养成了习惯。她一心二用，结果可想而知，成绩常年排在后面，夸奖没她的份儿，评优没她的份儿。

学习时如此，工作时也如此，所以她一直都很平庸。

不把时间当回事的人，大概都不会做出多大的成绩。成功的人之所以成功，都是把时间当成命一样重要的人，无一例外。

拿我比较喜欢的一个作家二月河来说吧。

二月河只有高中学历，但他身上却挂有很多了不起的头衔。河南省作协副主席、中国《红楼梦》学会河南理事、南阳市文联主席、大学博士生导师等。

高中学历的人，为什么却如此牛气呢？很简单，因为这个人嗜时间如生命，他学习阅读了大量名著。

二月河高中毕业后去了部队，成了一名宣传干事。他有个爱好，特别爱看书。部队的生活很艰苦，别人劳累一天之后就是躺下睡觉，他劳累一天之后，晚上还要学习。因为平常没有时间，他必须自己挤出时间来。

他在军营10年，别人的身份可能只是军人，而他，不仅是军人，还是一个知识分子。那些年，他看书无数，也为以后写帝王系列的小说打下了牢固的基础。

他说没有部队的生活，就没有现在的二月河，其实应该把这句话改成，没有那么嗜时间如生命，就不会有他现在的成就。

他有多刻苦？

写《康熙大帝》时，他几乎天天熬通宵。想象一下，一个步入 40 岁的中年男人，天天熬通宵，该是一种怎样的体验？

谁不想睡个好觉、老婆孩子热炕头呢？

他怕自己的时间不够，想争分夺秒，想让每一天的时间都为自己所用。

他那阵的作息时间几乎都是这样：晚上 10 点，开始伏案写作，一直到凌晨 3 点，放笔，入眠。睡 4 个小时，到早上 7 点，起床收拾，去上班。下班之后休息 2 小时，晚上 10 点开始写作，依此循环。

他说他的时间都是偷来的，他必须刻苦，不然对不起偷来的时间。

二月河的每一天都过得很扎实。既要上班，还要写作，每一天都勤勤恳恳。

说实话，他的刻苦值得很多年轻人学习。同在写作这一行业，我深知每个写作者的不易，尤其他每天都那么刻苦，没有一天懈怠过。

现在年轻人的现状是怎样的呢？遇到一点困难就今日推明日，明日推后日。

就拿我的朋友来说，有时候，他不想工作，就会找一堆借口去请假，去做别的事情，总之与工作无关。他请假的那些时光，全部挥霍了。

别人偷时间，他光明正大地挥霍时间，于是成功与失败之间就有了距离。

《我不是潘金莲》的作者刘震云，当初不也是跟二月河一样，一点点偷着时间过来的吗？

既要上班，又要顾家庭，还要写作，他写到凌晨 3 点是常事。为什么别人一天能做那么多事情，而自己不能呢？很大的原因是，在做的那件事情上没有用心。

那样偷着时间过，与时间赛跑的日子，刘震云过了四五年。那几年里，他创作了很多文章和小说，一个无名小卒愣是熬成了一个大作家。

我的一个朋友，大学毕业，不务正业，是家里娇生惯养的"小公主"。

她大学 4 年，全程打酱油，心思全然不在学习上。把虚度光阴用在她身上，是最合适不过的。

毕业后，大家都各奔前程，考研的考研，工作的工作，总之都找到了自己的归属感。

可她呢，依旧跟大学时一样——"漂着"。

从 24 岁，晃到 28 岁，她可以说没有做任何有意义的事情。

跟别人聊天，大家聊到的是自己做了哪些事，或者升职加薪，或者考了什么样的证书，又或者去哪个国家考察回来。而她聊到的只有一件事——"玩"。

28 岁以后，不知道是因为突然之间醒悟，还是其他什么原因，她忽然就不晃荡了，开始认真工作了起来。

我是在上一家公司认识她的，认识她的时候，她是以非常严肃认真的形象出现在我面前的。

如果不是她自己说起那段过往，相信没有人会知道。她之所以说出来，就是想让自己时刻警醒着，要把过去的伤疤时不时掀开看看，才会一直鞭策自己前进。她要让自己记得之前都是怎么浑浑噩噩的，以后才不会堕落。

她说，认真生活过才会知道，这样的日子到底有多爽，自己能实现的价值到底有多高。她喜欢现在这样的日子。

人一过 25 岁，就会觉得时间流逝得特别快。如果不把时间抓得紧一点，它很快就会过去。你不珍惜它，它就不会珍惜你。毕竟时间才是全世界的"宠儿"，而你只是与它擦肩而过的人。

不说要多么刻苦，但也不要浪费属于你自己的每一分钟。这个道理越早明白，对你自己就越好。

挫折的意义

我想世上不会有一帆风顺的人。就算有，那也是极少数。大部分人都是顶着一路荆棘前进的。

如果非要说挫折有什么意义，我想大概也只能把它解释成，是让你变得更加坚强，变得坚不可摧的有力武器。但坦白来说，我很赞同网友说的一句话——挫折没有任何意义。挫折本身就是挫折，它是一切黑暗的源泉，它会让你痛苦、无助、窒息、灰暗，让你的人生找不到任何存在的意义。

挫折熬过去了是光明，进一步说，对自己的成长有意义，熬不过去就永远都是挫折。

在简书上看到一个男生讲自己挫折的故事。

男生说他上大学的那几年都不是很顺利，具体怎么不顺，没有细说，大概是关于学习和生活，首先是爷爷生病，接着妈妈又重病，他的爱情之路也非常坎坷。也许每个人理解的挫折不一样，总之对他而言，那是属于他人生中的挫折。

很无助的时候，他没有找朋友诉说，他不想麻烦任何一个人。自己买几瓶啤酒，往烧烤摊一坐，当是为自己的丧气找一个发泄情绪的出口。

家里的重担都压在他一个人身上，每天他都觉得自己活得很沉重。但是事情已经发生了，沮丧也无济于事吧。没有一帆风顺的人生，路上总会有"浑水"，让自己去处理的。

后来他看到路边上嬉笑的小孩，瞬间觉得连日的阴云消散了。他明白了一个道理，当你败无可败，也就是说当你倒霉到极点时，你反而不用担心了，因为没什么好失去的，以后没什么比这更不好的了，也不会比这更糟糕了。

这个时候，你只要一点点往上走就对了，走一点，就能看见光；走一点，就能看见希望。

毕业之后，他进了自己想进的公司。每个月赚的钱，除了生活费，全部寄回去给妈妈治病。好在妈妈的病不致命，只要静养得好，就会有希望。

挫折虽然是挫折，但你经历过，下次挫折出现的时候，它不会扰乱你的心，你有战胜过它的经历，你就会活得比之前更加坚韧。

还有另外一个女孩子花生，也同样经历过人生的痛苦和挫折。

花生有很长一段时间都非常不顺利，没有一件值得高兴的事情，全是负能量的，不好的。

她的科研项目进展不是很顺利，感情被男友背叛，自己的身体状况也不好。那一阵，因为焦虑过头，吃饭吃到一半会吐出来，体重一直往下掉。她都担心自己是不是要死了。

一想起那些，简直就是噩梦。跟男友相处 3 年，换来的结果是那样不堪，连回忆她都不想拥有，很长时间她都难以走出来。

为了让自己不掉落到深渊，她每天都要硬着头皮学习大量的心理学知识，也去找专业的心理专家咨询过。

她知道只有内心健康、好好活下去，才有希望。情绪不受控，她就去跑步，插着耳机放着音乐，沿着公园跑很久很久，一个多小时跑下来，出一身汗，心情也畅快了一些。

自我疗愈的日子持续了半年，她才彻底恢复过来。

最后她说，也多亏了自己强大，不然不知道能不能走下去。我对她说的一句话印象特别深刻，她说，人遭遇苦难和挫折时，最重要的是活着。只要活着，就有能力改变当下糟糕的状况，也会让自己在挫折里学习到不一样的东西，比如坚强。

没有人会愿意遭受挫折，但挫折无处不在，它不是你不想就不会光顾的，它大概是世间最无法预料和定性的。

我看过一个小故事，很动人。

一个男生因为对读书无感，整日无所作为，被大学拒之门外。父亲拿他没办法，送他去部队参了军。

他循规蹈矩地在部队待了几年，顺利退伍。退伍后找了一份跑腿的工作，在印刷厂给人送货。薪资不是很高，刚够糊口。

工作后的他，收起了年少的嚣张气焰，多了几分稳重。每天按部就班，也算是慢慢学会了尊重自己和生活。

但很多时候，不是你守规矩，生活就不会来欺负你了。

某次，他跟往常一样，去给某高校的教研室送书，他乘坐电梯时出现了麻烦，普通电梯因故障暂停使用，他只好乘贵宾电梯上去。

就在他正要进贵宾电梯的关口，保安突然站了出来，言辞激烈地告诉他，他不能进去，贵宾电梯是留给教授及老师搭乘的，言外之意，他没有资格。

男生着急地解释，他不是学生，他是来给学校送书的。他试图说服保安。

保安听了之后，更是让他离得三尺远："那更不行，你看看你这身装扮，会把贵宾电梯给弄脏的。"

他再次恳求，说他有将近一货车的书，而且只有他一个配送员，爬楼梯上上下下起码要跑 80 次，自己会累虚脱的。

对不起，你累虚脱，没有人会在意这一点。对于男孩来说也是这样，保安不是他的亲人朋友，不会心疼他。所以保安依旧冰冷地拒绝：不可以，你自己想办法。

男孩气得毫无办法，最后他扔下一堆书，拂袖而去。老板原谅了他的做法，但在被拒绝的那一刻，他看清了自己的卑微。他没办法原谅自己年少时的无知，没办法原谅年少时的不刻苦努力。

经历那次挫折，他弄明白一件事情：你不努力，所有人都能任意践踏你，没有任何人格可言。

他辞职跑回家，买了高中的全套教材，自己没日没夜地学，只有一个目标：考上大学，考上研究生，直到那所学校聘用自己为老师为止。

那个愿望在他心里发了芽、生了根，他疯狂地为此付出努力。几年之后，愿望成真，他每天都在那所学校的贵宾电梯里上上下下，只是他再也没有见到当年羞辱他的那个保安。

他明白，时代淘汰了那个保安，但时代不会淘汰保持谦卑之心学习的人。

他很感谢那次挫折，让他明白了人生的意义。

挫折不是失败，而是考验成功人士的一道必答题。

享受孤独

我看到一个朋友的一则签名：孤独是人生的常态，默默点头认同。

人大部分时候都是孤独的，区别在于是享受孤独，还是忍受孤独。

就我自己而言，当我还是个孩子的时候，我就忍受不了孤独，喜欢成群结队，喜欢往人群里钻，连作业也要结伴做，那样我才觉得有意思，不枯燥。

长大了之后，渐渐懂得孤独的意义。

对于孤独和成长最好的解释便是，你是否真正懂得孤独的含义。孤独有两种意思，一种是"享受孤独"，另一种是"忍受孤独"。小时候看孤独，是忍受，长大了看孤独，是享受。两者其实很好区分，看自己在孤独里的状态便能得知。

我有一个好友，她是名小学老师，去年被分配到自己所在城市百里之外的乡村小学教书。

从繁华的城市，到一无所有的乡村，她心里的落寞多多少少是有的，是需要适应的。

村子是真的贫瘠，连一条像样的公路都没有，也没有"万家灯火"，只有稀稀拉拉的几户人家。

学校以前是一个屠宰场，不大，红砖堆砌的。学生是村子里的"留守儿童"。娱乐设施就更加不用说了，几平方米的小卖部代替了超市，除此之外，再无其他。

才去的时候，她开始想念城市的好，想念随时随地能叫到三五好友，一起谈心、逛街。

在去后的第三个月，她给我打电话说自己适应了那种孤独，不但适应了孤独，还在享受着孤独。

那一阵，她看了很多书。

以前想看但没有时间看的书，她全部看完了。如果放在以前，她即便有时间也全拿来挥霍了，与姐妹品茶、护肤、谈天说地。

现在呢，那些都没有办法做到，只有通过读书来打发时间，在不知不觉里，她爱上了这种独处的时光。

她说她最大的变化便是从一开始的忍受孤独，到最后的享受孤独。她觉得是自己成长了。

她收获的远远不是几本书的力量，而是内心无形的变化。这种变化，不是每个人都能轻易收获的。

　　回城后，她像一开始想念热闹那样，想念那份孤独。不同的是，她把这份孤独融入到了骨子里，开始拒绝不必要的社交，把自己"封闭"在固定的场所里，给自己时间，让自己做那些想做的事情。

　　孤独确实是人生的常态，但孤独也是有意义的常态，它与别的常态大不相同。

　　有一本书叫《远远的村庄》，里面有一段话："孤独是非常有必要的，一个人在孤独时间所做的事，决定了这个人和其他人根本的不同。"

　　我很赞同。

　　这里的"不同"，包括很多方面。

　　比如一个人在孤独里孤军奋战，考研也好，考证书努力工作也好，十年磨一剑潜心看书也好，这都要比那些天生爱热闹，"闲"不下来的人好得多。收获自然也会大不相同。

　　同样的时间，别人低着脑袋加班，涨工资，跟你在外面潇洒一圈下来，是完全不一样的。

　　我有个好友，为了考博，那阵子几乎与外界隔绝，连跟家人的交往都快"断"了。关闭朋友圈，卸载微博、微信等一切社交软件。

　　她埋头苦读，很少外出，窗帘一拉，经常分不清是白天还是黑夜。那段时间她是极度孤独的，说不孤独是不可能的，一两天的孤独或许能够坚持，但长期的孤独靠的就是内心的毅力。

好友不断给自己打"鸡血"，她的"鸡血"，就是幻想自己考上博士那天，所有人对她的羡慕与祝福。

与书本为伍，与时间竞争。很快，她的孤独岁月就得到了回报，她顺利考上了博士。

她在孤独里前行，看不见对手，也看不见别人拼搏的状态，她唯一的敌人就是她自己，她只有战胜自己，才有可能战胜别人。

无论是你忍受的孤独还是享受的孤独，都能给你带去某种程度上的荣耀，前提是，你要撑得住。

独处的好处有很多。有些能给你带来物质上的好处，而有些能给你带来精神上的愉悦感。

就比如我之前看过的《人与永恒》，其中有一段经典话语，可以完美诠释精神上孤独的愉悦感："我天性不宜交际。多数场合，我不是觉得对方乏味，就是害怕对方觉得我乏味。可我既不愿忍受对方的乏味，也不愿费劲使自己有趣，这都太累了。我独处时最轻松，因为我不觉得自己乏味。即使乏味，也是自己承受不累及他人，无须感到不安。"

这种独处，大概是最轻松的，也是最能让自己精神上放松和舒适的。物质上的利也好，精神上的愉悦也好，总之，都是孤独带来的好处。

余华借作品《在细雨中呼喊》表达过自己对孤独的感受："我不再装模作样地拥有很多朋友，而是回到了孤单之中，以真正的我开始了独自的生活。有时我也会因为寂寞而难以忍受空虚的折磨，但我宁愿以这样的方式来维护自己的自尊，也不愿以耻辱为代价去换取那种表面的朋友。"

所以孤独有什么不好呢？它是一面镜子，能让你认清楚自己。"人独居时的智商、情商是他本身的最高值"。你的独处，决定了你以后的价值。

追求梦想，什么时候出发都不晚

不要以为人跨过了 30 岁这个界限，就什么都不是了。比如别人认为的：一切都要尘埃落定，有梦不能追求要放着生锈；那些千奇百怪的想法，不要再拿到台面上，要务实，要相夫教子，要好好工作；诸如此类的。总之，就是各种打消你的积极性，让你有一种 30 岁已经很老，什么都干不了的错觉。

如果你也这么想，就真的错了。我看过一个调查，调查里各种 30 岁的人活出了很多不一样的人生。

一个姑娘叫白菜。

白菜 31 岁，是个 4 岁孩子的妈妈。跟很多妈妈一样，她把曾经的小理想藏起来，相夫教子。

但 31 岁这一年，她忽然一起劲儿，报了个吉他班。别人问她怎么想的，她说看到小区楼下贴的海报，什么都没想就交钱报名了。

那大概是源于她小时候的理想，很小的时候，她就喜欢音乐，但因为家里条件有限没有学成。后来忙着工作，忙着赚钱，把这事给抛到九霄云外去了。

那时她想着，大概这辈子是跟音乐无缘了，她这样的人，大概也是不配拥有音乐梦想的吧。

她后来转念一想："我还很年轻呢，怎么不能学呢？就算今年 31 岁，到法定退休年龄，还能弹将近 30 年呢。"

这么想着，越发安慰，内心的想法越发强烈，一看到吉他培训班的海报，她就毫不犹豫地报了名。

她带着娃娃一起去了吉他班，从识谱开始，每周去两天。其他时间都在家里自己练习，她练习了一段时间，不看谱子，也能慢慢开始弹《小星星》。

她直言，自从重拾音乐梦，生活充满了乐趣，什么鸡毛琐碎事，到了音乐里，就消失不见了。

一个男生，叫 Joe。

他上学晚，加上高考复读了一年，27 岁才硕士毕业，毕业之后从事了本专业工作，去外企当了德语翻译。

28 岁碰到人生初恋，奔着结婚去的，全心地爱她，把自以为最好的都留给她。

30岁那年被分手，猝不及防，没有任何征兆，也没有任何理由，哭红了双眼，给彼此最后一个拥抱，强颜欢笑放了手。

31岁，他决定深造，去德国留学。他继续学习，拒绝无用社交，闭门谢客，埋头苦干。

终于在33岁那年，他排除万难，为梦想插上翅膀，去了德国柏林，攻读博士。

36岁，重新恋爱，依然相信爱情。37岁，与恋人步入婚姻殿堂。

什么时候都不晚，想做的事情去做了，想爱的人也爱了。没有一个局限的年龄，没有规定的年龄。

另一个女生，33岁的娜娜，新媒体工作者，结婚一年半，目前没有备孕计划。她平常工作很忙，凌晨两点回家是常事。

她31岁结的婚，结婚之前，被家人"夺命连环催"，家人各种"威逼利诱"，吓得她赶紧跟相恋5年的男友商量结婚事宜。

如今33岁，婚结了，继续被家人催生孩子。

这件事，她坚决不妥协。她有她的理由，她还需要过一下自己的生活，完成自己的小愿望，之后再要孩子。

她的小愿望，就是她20多岁时的爱好——画插画。

几乎没什么基础，只会画几笔线条，还画不直，但她脑子里似乎有个执念："要画，要画，要画。"

于是趁着工作的间隙，上马桶的间隙，她用iPad下载软件开始学习，忙里偷闲，利用偷来的时间去报素描班，从简单的直线条开始。

就这么花了 13 个月时间，她每天挤时间练习。在圣诞节那天，她收到了文化公司给她发的合作函，算是她成长以来，最好的圣诞礼物了。

自己的小愿望达成，她觉得准备好去做哪件事的时候，就可以做哪件事了，比如生孩子。

有爱好，就别藏着了，尽管去实现。你有坚决去做某件事的决心，没人能够拦得住你。

还有一个男生，刘大力。

刘大力也是个"较真"的人，典型有梦不觉老的那种人。

30 岁之前，他是个小职员，说不上有多大能耐，但工作上也勤勤恳恳、兢兢业业。每天过着平凡的日子，也算简单充实。

30 岁之后，他忽然爱上了拳击。这源于一场比赛。朋友过生日时，送了他一张门票，带他去现场看打拳。

比赛一开始，坐在前排的刘大力就不淡定了。往日的他，是一个打一巴掌都不出声音的人。这会儿的他，像是变了一个人，嘶吼、呐喊，跟着拳手左右勾拳，激动得他五官都堆积在了一起。

31 岁，他决定打拳。

他走进拳馆，怯生生地问教练："我还能打拳吗？"

教练瞥了他一眼，冷冰冰的。他以为没希望了，转身就走，教练拉住他："怕什么？ 60 岁都能打，你多大？"

此后，他着了魔一般疯狂练习，那劲头儿一点不比 20 来岁的小伙子弱。

后来，他辞了职，专心打拳。33 岁那年，交往了一个女友，女友很支持他，陪着他一起打拳。

今年他 35 岁，从 31 岁打到 35 岁，打成了拳击教练。从一名建筑师成功转行，他做上了自己喜爱的事情。

到底是谁说你 30 岁就不行了，最好别轻易转行这种话的？只要你够热爱，你愿意付出，没什么不可能的，你 40 多岁都能行，更别说 30 岁了。

再说最后一个故事吧。

刘洁，33 岁。

她第一次做的最最勇敢的事情，是跳出安逸区，放着月薪稳定的工作不要，跑出来创业。

各种琐事，累啊，令人头皮发麻，但她都坚持了下来。她的第一个服装店，经过她的不懈努力，在生日前夕开了业。

扪心自问，33 岁的年纪，你能改变到哪种程度？问问自己，或许有答案，或许没有答案。

30 岁的你做事比之前更成熟、更勇敢，你不去试试，真的不知道那会有多爽，尤其是你努力做到的那一刻。

忘掉不美好的曾经

曾看过一则短视频，很触动内心。

视频里的女子站在舞台中央，面对台下无数观众，说她的伤心往事，向千万人揭露她的鲜血淋漓的伤疤。

她生在农村，长在农村。

父亲是个软弱无能的"家暴男"，稍不称心如意，就会辱骂妻子、暴打妻子。而妻子呢，无力还手，只能沉默和痛哭。

自从有记忆开始，她就能看到这样一个画面：对妈妈拳打脚踢、凶神恶煞的爸爸，掩面哭泣毫不还手的妈妈。

这种事情是"家常便饭"，没有人改变过。

9 岁之前的记忆，是她的爸爸打她的妈妈。而 9 岁之后的记忆，发生了错位改变。她的妈妈因为常年遭受苦难，没有地方可以发泄，于是她妈妈把她爸爸给她带去的苦难全都转移到了小女孩身上。

只要是没人，她妈妈就会揪她头发，拿鞭子抽她。她哭得撕心裂肺，她的妈妈也无动于衷。丈夫怎么揍妻子，妻子怎么揍女儿。

当然，这一切，没有第二个人知道。

她妈妈只要发现一点"风吹草动"，发现她爸爸回来了，马上就会停止恶魔的手段，装作一切如常。

她妈妈甚至警告她，不能告诉爸爸，如果被她妈妈知道她告密，等待她的将是更为残酷的毒打。

一个幼小的女孩，成天生活在没有温暖的家庭里，终日与恶魔为伍，她的身体和心灵将遭受怎样的痛苦和不堪？

她把自己锁在自己堆砌的"小城堡"里，那是她唯一的安全区，除此之外，她没有地方可以倾诉和发泄。

她用了很长的时间都没有走出那一段经历。她自卑，她不敢交朋友，觉得自己是一个弃儿。

视频里，舞台上的她，一袭黄色长裙，长发披肩，身材匀称，气质优雅，完全看不出来是一个刚满 40 岁的"中年人"，也更加看不出来，她是一个遭受过如此苦难的"不幸之人"。

怎么走出来的呢？年纪渐大，她的想法就越多，不能让自己一辈子都困在少年时代吧？不能让心理阴影毁掉自己的一辈子吧？

她找过心理医生，也看过很多心理学的书。可她始终在自己的噩梦里循环，跳不出她的"小城堡"。

但积极总比消极有用，虽然进步不够明显，但还是有细微的变化。她慢慢敞开自己的心扉，去接受世间的美好。也学会去原谅她的母亲，那个心理被她父亲摧残得千疮百孔的可怜女人。

她去理解母亲的苦难，宽容母亲像个疯子一样打骂女儿的行为，学会了原谅之后，心境明显有了不一样的变化。

现在的她，是以一名导演和摄影师的身份出现在大众面前的，而不是以一个想要博得大众同情的可怜形象出现的。

她站在舞台中央，大声告诉观众，只有忘却之前的不美好，才能开始新的生活，才能开始让美好真正与自己为伍。也许忘记的过程很痛苦，但除此之外，似乎没有更好的方法，一时的疼痛，总比永久的疼痛要好。

忘却的唯一方法，就是正视、接纳并宽恕，这样才能顺利开启下一页新篇章。

再说一个很"残忍"的故事。

我的表哥与表嫂，2017 年 8 月痛失两岁爱子。

小侄子是一个很讨喜的小家伙，有天使般的容貌，头脑也非常聪明。他是表哥表嫂的骄傲，也是众人的开心果。

小侄子身体很弱，有先天性心脏病，下肢软弱无力，两岁时也不会开口说话。即便如此，也不影响他成为一个惹人喜爱的小家伙。

表哥表嫂对他疼爱有加，为了治病，走遍了大大小小的医院，一年光治疗费就是十几万元。对于这些钱，表哥表嫂根本不在乎，只要能换回小侄子的健康，再多的钱他们都舍得。

这个天使才来人世，一切才刚刚开始的时候，便夭折了。

2017 年 8 月，因为一次感冒，小侄子两岁的生命戛然而止。那个平常会叫会笑的小侄子，还没来得及开口叫一声爸爸妈妈，就走了。

这件事对表哥表嫂的打击非常大。

从不抽烟的表哥，开始烟不离手，口吐白雾，一刻不停歇。

平常爱说爱笑的表嫂，在医院里恢复了半个月才出院。出事的当天，她的神经开始变得"不正常"，口中念念有词，把布娃娃当小孩，把衣服当小孩，一遍遍叫唤。

出院后，她不肯再对众人多言语一句，一个微笑也不肯施舍给大家。她的身体和往常无异，只是失去了灵魂，每天"行尸走肉"般，她觉得生活毫无意义。

家人怕她抑郁，很努力地开导她，做可口的饭菜，陪她一起出门逛街，看热门电影，节假日时姑姑带着她四处旅行。

看上去，这些都是不错的转移注意力的方法，但似乎用处不大。表嫂虽然偶尔会说话，表达自己的观点，但始终不是原来的表嫂，总是差点什么。

去年小侄子忌日之时，姑姑给我打来电话，说表嫂晚上 12 点一个人去了江边，吓得我跟堂姐马上赶过去。

赶到的时候，我们远远看见了表嫂。她用手托着腮，倚在石柱上，望着江面发呆。我们在远处待了 20 分钟，见她没事，不想惊动她，悄悄往回撤。

姑姑在背地里多次说，表嫂也应该再生第二胎了，第一是年纪不小了，第二是生二胎可以更好地愈合表嫂的伤痛。

表嫂心里的苦，只有她自己知道。失去孩子的伤痛是永久的，如果一直走不出来，那她也别想给自己第二次"生命"，伤痛会永久持续。

我们很长时间里都不敢当表嫂的面提小侄子的名字，怕表嫂伤心。

这样的状态一直到今年上半年的某天，表嫂忽然眉开眼笑地对我们说，她准备和表哥孕育第二胎。

我们为她感到喜悦，也没有过多问她为什么，是想开了吗？或者其他？只是尊重她的决定。

也许是她自己想开了，不能一直这样在缅怀中活下去，也许是不想太自私，让表哥和姑姑一直陪她痛苦。总之，她愿意换一种活法，对大家和她自己而言都是好的。

有些伤，不需要刻意去忘记，但也无须刻意记起。只要它不影响自己正常的生活，就随它去。生活，总要继续，人也还是要继续精彩，终究不是为伤痛而活。

做更好的自己

幸福，有着不同颜色。

有的是暖暖的橘黄，有的是神秘的紫色，有的是单纯的白色，有的则是高贵的蓝色，像极了贵族。

谈到贵族，人们脑海中的第一反应往往是那些出身高贵、有身份地位的人，类似于那些开豪车、住别墅、穿戴名牌、出入高级场所的人。从这个角度而言，很多人似乎把奢侈生活与贵族生活对等起来。

其实，这样的认知本身就有一定的局限性。

所谓物质生活优越应是一种"富"，而精神层面的优越才是一种"贵"。贵族意味着一种优雅，一种责任，一种自律，一种积极向上的价值观。

所以，贵族并非在于出身或拥有多少身外之物，而在于你的生活品位和你的独特气质。出生在平民家庭的人，同样能有贵族般的气质，能在人群中脱颖而出。

　　小时候看《泰坦尼克号》，当船即将沉没，大部分人都慌乱逃生的一刻，那些船上的乐师在一片慌乱中平静地享受着音乐中的安宁，那时候觉得这样临危不惧依然能保持风度和尊严的人，有一种骨子里散发的贵族气。

　　后来开始读《红楼梦》，虽然书中的众多人物都出生在显赫的家族，然而我心中最有贵族气质的反而是那个失去父母的女孩林黛玉。

　　世人都说她多愁善感，可其他女孩为了权，为了利，为了自己的身份地位，多少会有些心思的时候，只有她的心永远是那么纯。她不争不抢，不计较名利，饱读诗书，明理重情。这样的女孩在一堆女孩中依然是独一无二的，令人不敢轻易亵渎。

　　贵族气质，活出的是一种姿态。如何才能成为一个有贵族气质的人呢？

　　"坐如钟，站如松，行如风"，中华民族自古以来对仪态的要求就是贵族气质最基本的标准。一个在座位上驼着背、跷着二郎腿或是"葛优躺"的人和一个端坐在座位上的人，谁比较有贵族气质？

　　一个耷拉着头、含胸驼背，站成"干钩于"的人和一个收腹抬头、昂首挺胸的人，谁比较有贵族范儿？同样，一个走路随意、迈着"八字步"的人，和一个走路抬头挺胸、目视前方的人，谁更吸引你的目光？"普通人"和"贵族"的区别有时候就在这些最基本的日常行为中。

　　阿姐出生在农村，是地地道道的农民的孩子。凡是见过阿姐的人都以为她出生在书香世家，有着很好的家教，这样的印象与阿姐的贵族气质息息相关。

　　从农村一直读书到城市并留在城里打拼事业的阿姐，除了有一种质朴的真，传递给人的是最自然的笑以外，一直以来，她都有着极强的上进心和自律能力。

　　从大学起，她就保持着每天晨练一小时和睡前阅读一小时的习惯。她喜欢接触大自然，喜欢户外运动，会忙里偷闲让自己的身体保持在最佳状态。每天，她都会精心为自己准备早餐，并按时作息，有着极规律的生活。在她的身上，你很少看到精神不振的状态，因为自律的生活让她永远都有一种向上的活力。

　　曾有人问她："每天都穿着高跟鞋和精致的服装，会不会有点累？"这样的发问源于阿姐对自身的着装有很高的要求，她几乎不会穿一身松松垮垮的服装出现在大家面前，不是职业范儿就是熟女范儿，也很少素颜在公众场合露面。

　　"这已经成为我的生活方式。"这是阿姐的回答。

　　在工作上，她很拼，在公司的要求之外有着自我的追求，凡事都要尽到最大的努力，更是有一种很强的求知欲。即使已经是行业领域的佼佼者，但凡有学习的机会，哪怕是牺牲休息时间，她也要完成学习。

　　每学一样新事物，她都会理解透彻，然后为自己所用，很多年轻人都没有这样紧跟时代的思维。

和人相处的时候，你更能看出她的那种贵族气质。虽然她自己追求完美，但你很少看她苛责他人，甚至从没见她和别人起过大的争执，向来是平和的状态，能像她这样做到控制自己情绪的人在身边还真的少见。

她不会站在道德的制高点指责他人，或是凭借自身已有的成绩和人喋喋不休，她会认真倾听每一个人讲话，会发现对方身上的闪光点，会虚心接受别人对她的批评，会包容他人和事。

贵族气质是一种内在，从阿姐这儿我们看到，有贵族之气的人有自律、有目标、有礼节、有包容之心。它不是由你的出身所决定的，而是后天慢慢培养起来的修养。

遗憾的是，很多人甘愿在平庸的生活里沉沦，认为贵族的生活此生和自己无缘，认为一个好的出身决定了一切，所以在吃喝玩乐的生活状态里自由切换，日渐迷失在生活里，再也没有一丝令人驻足的光彩。

不用羡慕他人是贵族，你也能活出贵族的姿态，关键在于你有一颗成为贵族的心。有了高贵的心灵，再有行动的力量，你就是那个令人瞩目的人！

学会接纳不完美的自己

怎么才算是接纳自己呢？这大概是个沉重的话题。

开始前，先讲个故事吧，王可乐的故事。

王可乐初三的时候情窦初开，喜欢班里一个高高帅帅的男生。王可乐每天上学的动力就是能见到他，在远远的地方，隔着课桌，隔着同学的脑袋，偷偷地瞥他几眼。

王可乐只能这么做，她不会正大光明地去表白，因为她内心住着一个名叫"自卑"的魔鬼。她身材矮小，戴着牙箍，戴着眼镜，脸上还长了两三颗雀斑。她觉得自己不配与美好相拥，所以她只能暗恋。

王可乐偷着喜欢，偷着关注人家。王可乐的这种喜欢只持续了一个学期。

因为她暗恋的对象，在第二学期交往了隔壁班的女生。那个女生有修长的腿、柔顺的头发，王可乐在心里直夸她怎么可以这么好看。

她羡慕那个女生，轻而易举就得到了她想要的，但王可乐连生气的资格都没有。

王可乐照常上课下课，与平常无异。只是没有人知道，小小的她心里承受着多大的折磨。

王可乐穿"超短"衣，为的就是使自己的腿能显长点，一直到上大学，她都是那样的装扮，虽然她后来长到了 1.7 米，还是会保持之前的穿衣风格。身高 1.7 米时，她依旧不觉得自己高，出门还得搭配小高跟鞋。

小时候自卑的印记深深地烙在她身上，她不肯接纳过去以及现在的自己。

到了大学，她不觉得自己可以拥有爱与被爱，她看着别人成双成对地出入，偷偷羡慕。

男生不喜欢她，她也装作不喜欢男生。

后来另一个学校的一个男生跟她表白，她才知道自己原来也会有人喜欢。她开始审视自己，慢慢摒弃自己以前的穿衣风格，找到适合自己的款式，把以前那些象征着自卑的短款衣服全部丢掉，开始了新的生活。

王可乐说，有一次她做了一个梦，梦到了初中的时候。

梦见了初三时那个矮小丑陋的她，长大后的王可乐走到她身边，轻轻地抱住那个丑陋时期的王可乐，轻轻跟她说："你真可爱，不要害怕，这是你的必经之路，是你生命该出现的一部分，你应该接纳它。"

说完之后，王可乐就醒了，也释然了。

无论过去、现在还是未来，都是自己的人生，完美与否，都应该去接纳。接纳自己，才能彻底审视自己，做更好的自己。

读过一本书，恰好说的是"接纳"。

一个年轻女人，去上领导力培训班。在她发言的过程中，上课的讲师忽然站起来对她大喊"你是一个泼妇"。

瞬间吓得这个女人话都不敢说了。因为她知道自己，正如老师所言，她确实是个泼妇。她小心翼翼地不露出"破绽"，极力掩饰，可终究还是没能躲过老师的"慧眼"。

年轻女人很不好意思地低下头，很小声地辩解，她说自己确实是个泼妇，也很不好意思，觉得很羞耻。

老师走过来安慰她，告诉她"泼妇"没什么不好，当你不能控制某一样东西，它就会反过来限制你。

就比如，当你花钱盖房子，可开发商一直找这样或那样的理由来拖延，足足拖了好几个月都没有完工。该怎么解决？轻声细语有用吗？没用。面对无赖，就要用无赖的办法。

每个人都会以最好的面目示人，通常会把自己的短板掩藏起来，抑制自己。其实没必要，不如大胆地把自认为的缺点在阳光下示人，你会轻松得多。

大胆接受自己的不完美，没有你想象中那么难。

高中同学林丹，曾经是一个身材非常匀称的人，但自从结婚生孩子之后，体重狂飙，从 95 斤达到了 195 斤，足足胖了

100 斤。

自此也是她噩梦的开始，她变得多疑，也变得自卑。衣服不敢多买，大门也不敢出。拒绝一切活动，成天把自己闷在房间里。

当别人朋友圈发出自拍照片的时候，她也会艳羡，但也仅此而已，因为她觉得自己没有勇气晒出自己的形象。

她唯一的乐趣是什么呢？就是对着房间里 2 米的镜子，自娱自乐，自说自话，做一些怪动作，然后再对着镜子里的自己抛出一个厌恶的眼神。时间长了，她自己都觉得她快变成神经病了。

某天，她又站到镜子前，看着那一身肥肉的自己，她做了一个很用力的动作，在大腿上狠狠捏了一下，镜子里瞬间映射出一个龇牙咧嘴的她。

那一刻，她忽然意识到，镜子里的人真的是自己。她的记忆思维一直还停留在生孩子之前的那个自己，导致她一直不能接受镜子前肥胖的人是她自己。

当她面对镜子感受到疼痛时，她彻底原谅了自己，也接纳了自己。

她不再颓废度日，也不再自暴自弃。她控制饮食，办了健身卡，经常出入健身房，除了在健身房运动外，还会沿着公园小路跑上一个小时。

每天疯狂地锻炼，坚持了整整半年，掉了 50 斤肉。

她不完美，但在努力接近完美。

苏格拉底说，未经检视的人生不值得过。她检视了自己，接纳了自己，最后直视自己，改变自己。

接纳，是对自己最负责的行为。

我们家楼下有个无臂男人，他只有两只脚，一场车祸把他的双臂给夺了去，噩梦也就此开始。

他觉得人生无望，所有人都同情他，安慰他，让他勇敢面对。可他就是勇敢不起来，也不想勇敢。勇敢这词压力太大了，他做不到。

他就是想悲观，想厌世，想消沉。

久而久之，他意识到自己这么下去不是办法，因为他连基本的生存问题都难以解决，更别提生活了。

他直视自己现在的处境。他，一个 32 岁，没有双臂的人。

慢慢地，他开始学着用脚打理自己的生活，用脚刷牙、洗脸、叠被子。刚开始很难，真的很难。他有过一万次想要放弃的念头，但又一万次坚持了下来，因为他没有选择。

他花了很长的时间，才适应没有双臂的生活。这期间，他做过无数次的思想斗争，无数次的自我救赎，才换来他用双脚娴熟打理生活的能力。

如果他一直不愿意接受自己没有双臂的事实，恐怕他一辈子都很难活得好吧？起码，在自理生活这件事情上，他不会把自己照顾得那么利落。

正因为他接受了，才成就了一个自立自强、阳光积极的好男人形象。

很多时候，接纳自己，是对自己最好的宠爱方式。不管你是一个怎么样的人，不管你有什么样的缺点，你正视它，直面它，接纳它，它才能给你带去改变，让你成为不一样的自己。

第四章
CHAPTER 4

允许自己慢下来

　　曾经拼命糟蹋过的身体，总有一天它会来"反咬"你一大口。你爱它，它也会爱你；你不爱它，它就会吞噬你。

累了，请先歇歇

以前我们家楼下有一个卖包子的阿姨，每天天不亮就开始忙活。"要过日子啊，没办法。"这是她经常说的一句话。她 40 岁才生了第二个女儿，大女儿不到 18 岁，刚考上大学。丈夫腿脚不是很利落，只能干点零活，家庭重担全落在她一个人身上。

一年 365 天，每一天，她都没有缺席过，总是站在那个小窗口，露出一个八颗牙齿的笑脸，给人递包子。

有的时候路过，能看见她累得直不起腰，缓缓走路的样子。我们家楼下其实有好几家包子店，但为了照顾她的生意，我跟我妹妹都会去她家买包子。

去年冬天，她丈夫出意外死了。以前好歹丈夫还能分担点，现在所有的一切都压在了这个 40 多岁的女人身上，把她压得像一棵永远也直不起腰的稻草。

她更艰辛了，早晨卖完包子收完摊，她就去别人家里打扫卫生，一家家地跑，能走路的时候绝不搭乘公交车，两元钱对她来说用处也很大。

她没有再嫁人，她总觉得，自己嫁了，如果没有嫁好，对不起自己的两个女儿，她宁愿苦一点累一点，也不要女儿在别人面前强颜欢笑。

大女儿很懂事，知道妈妈要承担家庭重担，她省吃俭用，同学聚会她能不去就不去，经常会帮着她妈妈做家务和一些力所能及的事情。

小女儿只有 5 岁，还是最天真的年纪，平时在幼儿园里。她每天在外的疲惫绝不带回家。门前一副脸孔，门后一副脸孔，大概天下的妈妈都是如此伟大，为了爱，可以承担一切风雨。

有天早上，我下楼丢垃圾，看见她远远地在抹眼泪，她小心翼翼地不给人发现。但细心的我还是留意到了她的举动，跑过去，递给她一包纸巾。

"阿姨，你很坚强了，如果累了，就歇两天吧。"我用很细小的声音跟她说。

"丫头，不是我不想歇，是生活不让我歇啊，谢谢你的好意。"她也很小声地回复。

因为某些原因，我外出了半年时间，回来之后，包子铺所在的地方已经变成了"百姓大药房"，我不知道她们都迁移到哪里去了。

那次，是我最后一次见到那个阿姨。她忙碌的身影一直在我眼前晃。我不知道她现在怎么样了。

也许那次搬家，是她唯一休息的一天吧。她往后的生活我不知道。我真的只想告诉她：阿姨，累了一定要歇歇。

人毕竟不是机器，再苦再难，也要调整一下，才能更好地继续往前走。

闺蜜给我打来电话，说她要休半个月假，去清迈走一圈。接到电话的时候，我正在刷锅，一听这话，激动地把抹布都甩到了地上。我心想着这人可算是开窍了，舍得出去走走。她平常工作很忙，周末都很少出去放松，虽然经常去别的城市出差，但都只是为工作在赶场子。

她像个"旋转木马"，一直在不停地转动。时间长了，太久不休息，身体总是出现这样那样的小故障。所以当听到她说要休假出去玩一趟，我比她还开心。

你们不了解她，是因为完全没有看见她"拼命三郎"的样子。

有一次她为了拿下一个订单，陪客户赶了三场饭局，喝了两次白酒，一次红酒。

我去接她的时候，她整个就是一个"废人"，像一摊泥一样躺在厕所角落，衣服上吐得全是食物残渣，身体完完全全不属于她自己，像可以随便被人摆弄的"木偶"。

我看着她，很心疼，如果这一幕被她家人看见，那得多痛心啊。我艰难地把她拖上出租车，到家已是凌晨两点半了。

这是常事，一周总要发生两三次。她说她不应酬，就带不来业绩，她就没法混出个样来。我理解她，又不理解她，只能听她的，支持她。

前一阵，她胃出血，我陪她去了医院。她在医院休养了大半个月，那应该是她工作以来休息最长的一次。平时连过年也只休息短短三天，经常沙发还没坐热，跟爸妈唠嗑唠到一半就有事要离开了。

休养完，身体好得差不多之后，她就给我打电话，说要去清迈。她说忽然想开了，那么拼命赚钱，身体玩完了，钱也没多大用处了，还是劳逸结合吧。

她在朋友圈里晒出的旅行照，很洒脱，很释然。有些事情，如果别人不说，你永远都不会知道发生过什么。但你看到她开心的样子，就觉得真好。

央视名嘴李咏，最初传出去世的消息时，我是很震惊的。一个活生生的人，说没就没了。

我连夜写了一篇关于他的文章，搜集资料期间，对他的经历也越来越了解，只是觉得可惜。

他也曾是一腔热血的青年，画画、写情书、追姑娘，都跟普通人一样，简单并快乐着。后来机缘巧合做了一名主持人，开始演艺生涯。他除了工作，就是家庭，很简单但也很幸福。

50来岁，对于一个男人而言，正好的年纪说没就没了。谁能预料到呢？

他的死亡引发各大媒体的报道。不少新媒体文章铺天盖地而来，中心思想大概就是，在还活着的年纪，想玩就玩，想开心就开心，别绷着、掖着。工作只是生活的一部分，并非全部。人哪，还是要好好爱惜自己的。

谁都不是机器啊，累了的话，就只管休息吧。不要管明天，也不要管未来，只管当下。我们要生活，我们也要开心。我们都是人，不是神。

既要努力，也要生活

要努力赚钱，要努力生活，已经成为口号。

赚钱与生活，估计是人这辈子的中心话题吧。尤其在赚钱上，很多人会不自觉地把赚钱当成一辈子要奋战的首要任务，匆匆忙忙中忽略了生活。

我记得有一个故事。

一个老太太辛苦了一辈子，舍不得吃，舍不得花。年轻时赚的钱大部分用来养家，剩余的存银行。总是说怕钱不够，存着以防万一。年老了，还是舍不得花，儿女给的钱，照样存银行。

到去世的前一天，她还在超市里挤着买廉价打折品。她是毫无征兆地去世的，据她女儿说，晚上照常上床，一向早起的老太太忽然没有动静，女儿跑去房里看，她已经停止了呼吸。

到她去世，她的银行账户上存有 30 多万元，那笔钱，她也永远无福消受了。

有时候我在想，人那么努力，那么拼命赚钱是为了什么呢？不为自己，只为别人，这大概也是对自己生命的不尊重吧。连自己都不好好去爱的人，怎么能更好地去爱别人呢？

最主要的是，自己操劳一辈子，自己不享福，难道要等到来生再去享福吗？这显然是不太现实的事情。

人啊，要努力，但还是要生活啊。毕竟是先努力，后生活，不要忽略生活的本质。

认识一个朋友，每个月赚得不是特别多，但也不少，没有拖同龄人的后腿。

她不舍得花，工资一到就存起来，留几百元零花。那几百元用来干吗？供吃喝玩乐行所有开销。如果有超过她的预算的活动，打死都不会多拨一角钱。

她从来不舍得犒劳自己一顿。

别人忙完一个项目，或者连续加班完的第一件事情，是犒劳自己一顿大餐，或奖励自己一份礼物。

她呢？没有。安慰自己的，只有一句口头话语，安慰完就算完事。

是的，年纪轻轻，节约是好习惯。但对自己过分吝啬，抠得连别人都看不下去，就不是什么值得炫耀的事了。

拼命地赚钱，最终的目的不就是为了享受生活吗？或许大多数人会觉得，赚钱的终极目标是买房、买车、买大件物品。可人生不应该是怎么开心怎么来吗？偶尔奖赏奖赏自己，是不可避免的。

遇见不少为生活奔波的学弟学妹，讲一下她们对既要省钱也要花钱的看法吧。

饺子刚毕业的时候，实习工资每个月不到 2000 元。她真的很拼，怕自己实习期一过，成绩不合格，不能留下来。

她住得远，破烂的郊区，破旧的房子，踩在地板上咯吱咯吱响。风一吹，老房子里各种"怪里怪气"的声音就会传过来。她起得很早，夏天早上 5 点起，冬天早上 6 点起，每天在路上要花费 2 小时，这样的生活持续了 8 个月。

那 2000 元，要交房租水电，要吃喝，还偶尔要买点化妆品。不能全用掉，不能一角不存。她每个月强迫自己存 1100 元，8 个月下来，她存了 8800 元。

钱一存够，她做的第一件事，就是换房。她用省下来的那笔钱租了个一居室的房子，采光和环境比以前好太多。

就像她说的，努力存那么多钱，就是让自己过得好一点吧。一直存着，没有意思，把钱用到该用的地方，才是一种享受，才有价值。

木玛跟饺子一样，刚实习时，也经历过生活的窘迫。

后来工作了几年，能力强了一些，积蓄也多了一些。她是那种典型的"贤妻良母"，太会过日子。

工作到第三个年头，她的收入已经完全可以随心叫外卖，也不用刻意等到节日打折才能吃大餐了。她呢，依然是晚上做饭，第二天带去公司，用微波炉热着吃。

三年里，她没有出去旅行过一次，经济紧张的时候没有，经济宽裕的时候依旧没有。每次朋友叫她去，她都以忙来推托。其实她就算有时间，也会窝在家里看剧来节省钱。

到工作第四年的时候，她生了一场病，躺在病床上，看着她妈给她端茶倒水。

住了两个月院，即将回去工作的时候，她忽然给公司递交了辞职报告，说想出去看看世界。

木玛说，她以前没有发现，在自己躺在病床上的那一刻，她忽然发现自己离死亡其实很近。

那一瞬间，她想的是她还很年轻，不能死；她好不容易拼死拼活攒的钱，还没有花完，不能死。

出院后，她不想那么多了，先辞职再说。以前想去没有去的地方，借这次有时间，都走个遍。有什么天大的事情，回来再说。

出去玩的那几天，她似乎又重新找到了生命的意义。边赚钱，边享受，大概是人活着的最大乐趣了。

要努力工作，努力赚钱，但有余钱的时候，也不要对自己吝啬啊。我特别想对第一个朋友说，对自己大方一点，不要太小气。钱呢，永远赚不完，也永远存不够。在不是那么紧张的时候，对自己大气一点，毕竟一辈子很短。

别拿身体当赌注

"五一"假日临近，我问好友去哪里玩。她说哪里也去不了，要回家复查甲状腺，没好利落。

她 31 岁，却一身毛病。

三天两头感冒，前阵子她感冒发烧持续了 7 天，一个小感冒治疗花了 800 元。因为感冒引发了气管炎。刚刚好一点，昨天给我传来消息，说眼睛充血了。当即给我发来了一张她眼睛的照片，照片里的眼球被红血丝包围。

都是身体底子弱惹的祸。

有原因吗？当然是有原因的。

为了赶项目，一夜一夜地熬，完全不在乎身体是否吃得消，先玩命再说。连续两个月，凌晨四点睡觉，三餐不按时吃，饿了吃，不饿想不起来。

　　她完全没有意识到，身体可能已经吃不消了，当时心里有个念头，就是还能坚持，那就再坚持一下。

　　现在呢？她时不时发来委屈的小表情，问她在做什么呢？不是去医院，就是在去医院的路上。

　　当初酿的苦果，现在亲自来尝一尝，才会知道那味道究竟有多酸。因为生病，不得不去检查，将近半个月她都没有工作，检查身体的各项毛病。

　　如果把工作的时间和健康做一下比较和衡量，各方面综合一下，这种事情就不会发生。用命换钱，用钱换命，大概是很多年轻人的一个死循环。

　　你以为疾病离你很远，其实它就在你眼前，潜伏在你的躯体内。它一点一点地在你身体里积累，等它爆发的那一天，也就是无可挽救之时。

　　还记得那个在朋友圈刷屏的记者严俊杰吗？

　　他本是一个幸福的人，事业顺利，家庭幸福。因为一场病，把这平静的一切搅得凌乱不堪。

　　平常看似身体健康的他，一体检，就被要求住了院，身体的病痛已经严重危及了健康："血糖严重超标，糖尿病，面临截肢……"

　　这一切对于他来说都是一场噩梦："凌晨五点半，医生在我身上抽了 16 管血……"

这是一场考验，生命与时间赛跑，还不知道能不能跑得过，他害怕了。

在这之前，他不要命地工作，一次次"虐待"自己的身体，忽视身体的健康。身体很早以前就亮过红灯，比如头痛，比如失眠，比如总是爱出汗。

这些都被他忽视掉了。

他躺在冰冷的病床上，一遍遍反思自己的过往：如果能多爱惜身体，也不至于落到这般境地。

"如果好好活下去，我不会再那么糟蹋自己的身体，不再拿命挣钱，会好好拥抱生活，善待身体，陪伴家人。"

意识到自己与死亡擦肩，才能真正爱惜自己的身体，严俊杰也是如此。"死"过一次之后，他不想再"死"第二次。

他开始学会爱自己，不再那么忙碌，总是会抽时间健身，三餐规律，不健康食物不入口，从那以后，他成了朋友圈中的"佛系"人物。

曾经拼命糟蹋过的身体，总有一天会来"反咬"你一大口。你爱它，它也会爱你；你不爱它，它就会吞噬你。

再多的钱财也换不回健康的身体。一个好的身体，才是无限的财富。

前些日子，跟一个朋友聊天，聊到他的一个同事。

这个同事才 25 岁，工作的年限不长，充满青春活力，对工作认真负责，是董事长助理。

朋友在某天清晨，接收到她离世的消息。朋友很震惊，因为前天还在公司见到了这位同事，与平常无异。

人说没就没了，所有知道消息的人都错愕不已。人们都认为老天不可能对一个花季女孩伸出残忍的魔爪，她的生命才刚刚开始啊。但在生死面前，人人平等，不会管你的年纪容貌，职业高低。

或许这一切都是有预兆的。

朋友经常会在朋友圈里看到她凌晨 3 点还在忙工作，在不同的城市奔波辗转，赶工作，赶进度。

于是，在某一天，她没有任何征兆地心脏骤停，只留下在场的人为她唏嘘不已。

去年 8 月，知名地产广告人刘凌峰的一张遗愿清单霸屏了整个朋友圈，让看到的人说不出地心酸："我想拥抱每一个认识的人；我想跑一次马拉松；我想回一次母校；我想陪着孤独的父亲安享晚年；我想带儿子去钓鱼、野营、夜读，去参加孩子的家长会；我想照顾好自己的身体，陪妻子走更长的路。"

以上这些，都是一个普通人随便都能做到的事，但对于刘凌峰来说，很难。

他年仅 37 岁，却被一张体检单诊断为胃癌晚期，平常看着生龙活虎，却住进了 ICU 病房。

因为身体的原因，他 40 多天没有进食，150 斤的体重降到 100 斤，瘦得皮包骨。

生命走到尽头时，他开始反思，自己透支身体打拼来的事业，到底有什么用呢？最后全都还回去了。

身体还健康时的刘凌峰，一个月出差 5 次，因为要应酬，烟酒不离身，熬夜是常态，最疯狂的一次，连续工作了 70 个小时……

以往的种种累积，都足以让身体崩溃。

世界上最没用的东西，便是后悔。他后悔吗？当然后悔。他的心愿清单足以表明一切。但，晚了。

他算好了离世日期，选好了墓地，只等静静离开，留下他的父母、妻子和孩子。

我们常说，没关系，还熬得住。这一刻是没关系，那下一刻呢？下下一刻呢？

敬畏生命，敬畏自然规律，保护好身体，才能创造一个美好的未来。常言道"身体是革命的本钱"，认真把这句话吃透，或许就不会有这么多的后悔。身体是宝贵的，不是随便可以拿来挥霍的。人生长路漫漫，请珍重。

你失去的，会以另一种方式归来

害怕过吗？当一件东西失去，再也找不回来的时候。也许我们或多或少都害怕过。但不要过于担心，如果事与愿违，一定还有最好的安排。在这里失去，在下一站就一定会找回。

放不下，是因为执念太深。看开了，总会遇见下一场温暖。

认识了5年的好友，上周末结婚了。新郎爱她胜过爱自己，她很幸福，我们都看得到。

婚礼上，她的手被新郎小心翼翼地握着，新郎看她的眼神，眼里含光，视如珍宝。

而就在去年这个时候，她正陷于无与伦比的痛苦中，向我狂吐各种苦水，半夜用电话轰炸我，诉说她的感情纠葛。

那个时候，她正热烈地爱着一个高高大大的男孩，男孩什么都好，除了有女朋友之外。一开始好友不知道他有女友，对这个男孩一见钟情。男孩隐瞒了自己有女朋友的事实，跟好友以男女朋友的名义相处。

好友真心爱他，把自己认为好的都奉献给他。恋爱中的女人智商几乎为零，好友自然也一样，完全没有发现她的男朋友，也是别人的男朋友。

世上没有不透风的墙。交往了差不多半年，好友从别人口中听来了他有女朋友这一事实，听完之后，好友如五雷轰顶般，整个人颓丧得不能自已，那感觉就像被人把心挖出来狠狠践踏一般。

她哭闹着跟他理论，冷静下来后，她让他做出选择："要她还是要我？"

男生选择了他原女友，他说跟她经济上有很多牵扯，不会那么轻易离开。他知道自己对不起好友，一直拼命低头道歉，任打任骂。

可这于好友而言，有什么用呢？崩溃过后，她选择离开。

如果事情只到这一步，也算完美结束。可他们偏偏陷入了纠缠的境地。几个月不联系，只要那个男生一联系她，她就会重温当初的甜蜜。两个人互相纠缠不清。

道理跟她说了无数次，骂也骂了她多次，都无用。她说道理她都懂，就是自己走不出来。

执念太深，很难放下。不甘心自己的付出就这么打了水漂，想要一个答案。

可有的时候，哪有那么多答案可言，尤其在感情面前。

相互纠缠了3个月，她下狠心"断舍离"，微信删除对方，手机换了号码，消失在他的空间里。

曾经以为会一辈子纠缠不清，现在想来不过如此。曾以为自己不会再爱，当遇见下一个人，依旧爱得炙热浓烈。你以为的，终究不过是你以为的。

他惹你哭，就会有人逗你笑。他伤害你，就会有人愈合你。不用害怕，不适合你的，会离开。留下的，都是适合你的，属于你的，赶不走。

你痛得撕心裂肺的时候，总以为不会再爱了，但其实并没有丧失爱的能力，你的爱依旧在，在遇到你认为值得的那个人时，你爱的能力就会悄无声息地重新散发出来。

曾在"知乎"上看到一个帖子。

女生讲述自己年少时便爱画画，立志当一个画家，不祈求像凡·高那样惊天动地，也希望自己在画界小有名气。

她把中央美术学完、广州美术学院作为自己的奋斗目标，但事与愿违，差点失之交臂，第二次复读依旧无缘这两所学校。

她沮丧到了骨子里，一蹶不振。她丢弃画笔，沿着附近的江堤走了三圈，一面迎着凉风一面思考。

虽然读了其他院校，但也因为基本功扎实和对专业的足够热爱，毕业之后，她走上了创作简笔画、插画和微信表情包那条道路。

常人都夸她画得有灵气，天赋加上努力，确实让她找到了很称心的工作。她用自己的爱好，赚着称心的钱，也算是弥补了当初的小遗憾。

　　努力走好自己的路就对了，世事难料，你也不是预言家，无法预料到未来会怎样。唯一能做好的事，就是把握好当下。总有一天，你的努力会以不一样的形式回赠到你身上。

　　朋友有一条养了 10 年的贵宾狗，狗老了，不记得回家的路，某一天走丢了。朋友印了上千份寻狗启事，不光把整个小区贴得满满的，几公里之外的地方，她都没有放过。

　　她在微博和朋友圈发寻狗启事，10 天过去，没有任何消息。她依旧没有放弃，每天下班回来第一件事，就是把被人撕扯过的寻狗启事重新贴上。她一边贴一边哭，一边念着狗的名字。

　　两个月过去了，狗依旧没有任何消息。她的眼睛哭肿了一次又一次，家人劝她放弃。"说不定狗已经去到别人家里过好日子了，它跟我们的缘分尽了。"她爸爸好言相劝。

　　相依 10 年，说没感情那是不可能的。可现在丢了，找不回来了，那又能怎么办呢？日子还是要继续过的，狗到别人的家庭，也是要继续生活的。

　　除了祝福，似乎找不到更好的办法。

　　为了宽慰朋友，她妈妈在某天重新买回来一只贵宾犬送给她。

　　两只狗虽然不能相提并论，但这只小狗也有它的可爱之处，会在朋友回家的时候，站在门口迎接等候，也会跟她撒娇。

　　久而久之，这只小狗带来的欢乐，慢慢消解了朋友的伤痛。虽然没有一下彻底愈合，但也像打了一剂预防针缓慢见效。

　　失去时的疼痛是真的，归来时的欢喜也是真的，所以世上没有绝对这一说。你所失去的、所遇见的，都不是无缘无故的，都是有意义的。

　　别执着于你的失去，在生活中顺其自然，看开看淡，腾空过去，拥抱美好。

放下，重新出发

　　某次出差外地，上了一辆出租车，因为疲倦，我正歪着脖子昏昏欲睡。电台里忽然传来一个感兴趣的主题：你的内心有什么不可原谅的事吗？

　　于是我打起了精神，没再入睡。

　　一个 40 多岁的男人，回答了这个问题。

　　他说，发生过一些小的事情，早已经忘光了。但有一件事情，始终像根刺一样，横穿胸口，让人难受。

　　小学时，因为是班上差生，他被班主任看不起。有一次因为期中考试没及格，班主任当着全班同学的面，连甩他六记耳光，一边打，一边喊着"你怎么不去死"。他低着头红着眼，被辱骂，既不能还手，也不能还口。

那一直是他的屈辱。

"差生"标签一直在他头上悬挂着，他陷入极度自卑的境地。一直上到高中，他都没有自信。他会潜意识地告诉自己，他是"差生"。

2014 年，他通过了司法考试，考上了律师，才渐渐恢复自信，原来他没有那么差，他是可以的。

原谅了吗？他没有正面回答。但原不原谅已经无所谓，因为他已经变得强大，那句话再也伤害不到他了。

或许，这也就意味着释怀了。不然他没有办法过好往后的人生，会一直活在阴影里。

放下，释怀，重新出发，这是对原谅最好的定义。

我总会想起自己的父母，年过 50 岁的双亲。妈妈急躁倔强，爸爸温和倔强。吵架时，谁都不会相让，无论是暴躁的妈妈，还是温和的爸爸，一定要先争个高低再说，其他的事情都可以往后靠。

他们的感情好吗？好也不好。好的时候，万事和睦；不好的时候，陈芝麻烂谷子的事翻出来吵个你死我活。

发生这种事情的源头很简单。

他们吵完架，从来没有原谅一说。都说夫妻吵架床头吵完床尾合，他们呢，吵到最后是冷场，你不安慰我，我也不安慰你。

他们冷着冷着又和好，其实心里的疙瘩并没有解开。第二次，如同第一次般循环。等到第三次、第四次，伤痕累积在一起，再想要剔除掉这些不愉快，就不是容易的事了。

如果吵完架后学不会宽容，学不会原谅，就会始终有阴影埋在彼此的心头，这对于两个人来说是很痛苦的。如果在相互伤害之后，做不到原谅对方，那双方也就没办法继续在一起好好生活了。

有人问，有什么事情是坚决不能原谅的？

有人回答，是背叛。因为那种痛，既不想报复，也不想原谅。

不原谅的结果又是怎样的呢？其实多年后，当你再次回想起它时，会发现已经不再疼痛，一切都归于平淡，再也不觉得是伤害了。

当下或许无法释怀。但无法释怀的结果，是你没有办法专心工作，没有办法好好爱人，没有办法接受美好的事物。这也就意味着你会错失很多好的东西，得不偿失的是自己。

一切清零，才能重新纳入。不能便宜了别人，小气了自己。

就像上篇文章我提到的好友，她深爱的人，却狠狠地伤害她，有了女朋友，却还不安分。

一开始她无法原谅，她爱得尽心尽力，掏心掏肺付出，换来不对等的结果，她不想原谅。

可原不原谅又能怎么样呢？原谅，她不会再继续，但也不会再痛；不原谅，就一直出不来，没有办法遇见她的下一任。

经过时间的调和，她选择与自己和解，原谅别人，也原谅自己。她回想，那段感情里，她问心无愧，她努力过，所以她没有任何遗憾。她无愧于心，可以睡安稳觉。至于其他的，不再多想，交给命运。

人总有不如意，总有烦恼，需要自己去解决。你的心态，直接决定了你会拥有怎样的人生；你的心态，也会决定你是否过得快乐。

我很欣赏我的一个好友，她是大大咧咧的乐天派，用她自己的话说就是"没心没肺"。

有什么不愉快的事情她都能很快解决。大事一通电话或两瓶啤酒就烟消云散，小事一个抱枕一场梦境就灰飞烟灭，醒来依然是新生。

不被往事干扰，就会活得晶莹剔透。

一个小伙去银行取了一万元，准备交房租。那是他刚发的工资，还没焐热，路上就被小偷盯上了，一毛不剩全被扒走。

报警无效，他站在江边掩面痛哭。有那么几秒，他甚至想跳下去，终结生命和烦恼。

路人不知道他发生了什么，总是有热心肠的人蹲下安慰。他情绪好点了之后，继续往前走，往回家的路上走。

回去后，他难掩悲伤地跟房东说了事情缘由。房东笑着告诉他没有关系，房租可以推迟 3 个月再交，但对他有个要求。

房东说，他必须彻底忘记今天的不愉快，才可以推迟收他的房租，不然免谈。

小伙勉强笑着答应。

　　因为房东年轻的时候，也遇到过同样的事情。因为想要报复，他差点丢掉了性命。他不想让小伙子重蹈他的覆辙。其实房东知道他还是会哀伤，只是想给他一点力量。

　　努力生活，忘却烦恼，生命终究会向你投来一道光，沐浴你恩泽你，让你觉得前路并不渺茫。

　　不愉快的就让它消逝，原谅与不原谅不强求。你怎么开心，就怎么来，毕竟人生只有一次。

不要总是活在别人的目光中

　　很多人，都在活给别人看。

　　比如：

　　明明可以好好吃饭，却为了发个漂亮的朋友圈，点了一堆自己不爱吃的菜；

　　屋里平常乱七八糟一点空隙的地方都没有，为了呈现高大上的感觉，收拾出来干净的一角，拍完照又恢复了原样；

　　为了炫个富，在淘宝上花 8 元钱，买美国、英国的坐标定位，花 20 元钱拍豪车、香槟……

为了活给别人看，忘了自己姓什么，从何来，往哪儿去，这大概是一种悲哀吧。

我想起了很早前一起学英语的一个女生。

女生胖胖的，但有一颗"炫富"的心。

她买一个名牌包包，一定要弄得众所周知。先是发朋友圈，给网络上的人看，然后再跟人讲解一番，还要给周围的朋友看。

读一本书，其实并不是真的在读书。我见识过那样的情景，比如去咖啡馆，先把桌子整理好，把咖啡摆好，把书放整齐，开始拍照、修图、配文、发朋友圈。

说好的看书呢？一页没读。光在乎朋友圈的点赞数了。

印象最深的一次，跟她一起去寺庙当义工。坐地铁坐到一半，她说手机忘带了，我说没关系，用我的就好，反正山上信号也不太好。

她大声喊，不行，好不容易去一次，我得拍照！我说用我的拍也可以啊，她说像素不行，不如她的好。

于是我继续往前坐，她回去取她的手机。

说好来做义工，回头一看她在忙什么呢？正在各种拍照和自拍，玩得很开心。所有人都在做实事，做力所能及的事，只有她，算是一朵"傲人奇葩"。

我开玩笑地跟她说："你就活在朋友圈里算了，很适合你，别跑出来了。"

认识的另一个人，叫阿凯，是死要面子活受罪的"大咖"。

有一次大家聚会，找了当地一家特色馆子，打算大吃一顿。一般人多的聚会，费用都是 AA 制，大家都心知肚明。

聊得尽兴的时候，阿凯忽然来了一句，这顿他来买单，大家尽管敞开吃喝，不要给他省钱。

大家都在开玩笑地说他，是不是最近做生意发财了，要知道，那顿饭算下来，至少 2000 元。

他还是笑笑，说不用管，尽管吃就是。

那顿饭之后，我有两个月没见到阿凯。还是阿凯的女友传来消息说："那个笨蛋没钱还借钱请人吃饭，现在在各种忙兼职。"

其实阿凯一个月才赚 6000 元，平常各种开支也不小。但每次遇到聚会，他都会充当"冤大头"，就是不想让别人看不起自己。

或许越不自信或越没存在感的人，越想在别人眼里刷个存在感，证明他很重要，是个"重量级"人物。

可是呢，活给别人看，苦了自己，也连累身边人跟着一起受苦。这种行为大概是喜欢跟别人比较吧，盲目地比较一无所获。

经常看到情侣分手，一方最喜欢说的一句话：我一定要证明自己，努力活给她看，让她知道她当初的选择是错的，并且悔恨终身。

事实呢？事实是人家根本没有在意，是你一厢情愿的想法而已。人家相夫教子过得很幸福，根本就不在乎几年后的你赚了多少钱，娶了多么漂亮的老婆，日子过得多么逍遥快活。人家很忙，没空理你。

小时候，有一个邻居，我至今都记得她。

她多么喜欢跟人炫耀呢？整条街的人都知道。

自己涨工资了，要用大嗓门跟人说一声；儿子考试得高分了，要炫耀一番；丈夫升职了，不能不让别人知道。

她一天不说点什么，不炫耀点什么，浑身不得劲。时间长了，连脸相都变了，脸上挂着爱比较的倨傲和酸气。

凡事喜欢活给别人看的人，可不就是爱比较吗？生怕自己过得比别人差，要大声告诉全世界，我很好，让你们羡慕羡慕、嫉妒嫉妒我。

其实人家根本就不在乎你那点芝麻大的事，人家要忙着赚钱吃饭，没工夫搭理你。

好友换车了，把之前开了 5 年的比亚迪越野车换成了奔驰 E 系。我纳闷，他当初说很喜欢越野车，因为宽敞，又喜欢自驾游，越野车是他的首选，这怎么又换成了奔驰呢？

他叹了口气，说是为了面子吧。毕竟是在城市里开得多，平常出去见朋友或客户之类的，开奔驰会让他脸上有光。

我倒挺欣赏他的直白。

但是对于"自己想"和"别人想"之间，他选择了别人，这点为他感到可悲。车是自己开，自己舒适就好，管别人怎么看呢？

为了面子，那必然丢掉"里子"。爽别人和爽自己之间，孰轻孰重，应该有杆秤才是。太在意别人的想法和评价，会丧失自己的价值观。

我身边还有一个很典型的例子。

那就是我姨父，钱虽然赚得不是很多，但是面子却大得很。

特别是在他的好朋友面前，他每个月发的那点儿工资，基本上全都奉献给他们了，一点都没给家里剩下，为此姨妈没少跟他吵架。

说个最典型的事情吧。

一次他妈妈生病住院，但他身上没钱，正在发愁之际，他大姐和二妹说可以先垫付，再怎么说也是她们的妈妈，她们应该出这份钱。

可姨父怎么说的呢？"没事，我有钱，用不着你们操心，等我有需要了再向你们要。"

当时都快把姨妈给气哭了。

他哪里有什么钱啊，一个月的工资花得精光，信用卡还欠了好些钱，50多岁的人了，一事无成不说，还欠了一屁股债。

为了他自己的面子，他硬是拉着家里人跟他一起受罪。先不说他该不该要姐姐和妹妹的钱，可他至少可以先接过来给自己的妈妈治病呀，哪怕等以后有钱了再还也行，何必非得打肿脸充胖子呢？

你那么在乎别人的感受，但别人却不会感同身受。你只需要自我认同，不必拉着大家一起来把你认同。需要别人认同的人无疑是最大的傻瓜，因为人生是你自己的，又不是别人的。

即使再穷，也要出门看看世界

新认识一个朋友，叫猫妹。猫妹 29 岁，是一个很酷的人，酷到全世界都想跟她做朋友。

猫妹在泰国开民宿。

没开民宿前，她在国内的一线城市里待着，整日忙得昏天暗地，经常"大姨妈"紊乱。像很多上班族一样，猫妹很拼命，怕哪天不使劲，就被社会淘汰，她害怕，她得往前奔。就那么奔了几年，奔出了点存款。

钱包越来越鼓，她越来越瘦。猫妹想自己做点什么。

说不出来是偶然还是契机，她去泰国清迈开了家民宿。其实更大的原因，应该还是猫妹喜欢泰国吧，不然国内千万座城，偏偏跑去泰国，不也是闹得慌。

说干就干。考察市场，找房、装修、布置，都是猫妹亲力亲为，包括画设计图纸，能省则省。

经过一番折腾，胚胎成型，民宿上下两层，每层 5 个房间。

房间不是很大，但非常温馨，猫妹说要给客人一种家一样的舒适感，她尽全力打造成自己想要的样子。

民宿靠近宁曼路，价格不是很高，定位大众消费。因为用心，客人来了一拨又一拨，这其中，就包括我。

客源稳定了之后，猫妹的心再次"躁动"了起来，她跑去偏僻山区支教，让邻居帮她看房子。

为了让自己轻松地去，她把留了十来年的头发剪得干干净净，让理发师给她剃成了光头。没有心疼，没有不舍，有的只是干脆利落。

支教了半年，她回清迈待了半年。

有几个月没有联系，近期在朋友圈里看到她的动态，发现她背包去了印度。两身衣服，一双鞋，一部手机，她在印度待了40天。

她配图发文：旅行让自己学会更好地与人交流，看不一样的世界，了解不一样的文化。

她的生活状态，让所有人都羡慕。

你说她闲？她狠狠地忙碌过，忙的时候不想别的，一心赚钱，自己觉得存得差不多的时候，开启新的计划。她不是死死板板，不是一成不变，而是尽自己所能让自己的生活新鲜起来。

活在"快餐"年代，谁不忙碌呢？最主要的是，忙不是终极目的，生活才是人生最主要的意义。

不管你工作多忙，琐碎的生活有多麻烦，总得停下来，让自己的心空一空，才能让它们更好地吸收营养，接纳更美好的事物。

我想到了另一个朋友，素素。

素素大学毕业，去北京闯荡，找了一份关于文字的工作，看着光鲜，实际上赚不了多少钱。

刚毕业，她身上一无所有，每天被沉重的工作任务压得喘不过气，痛苦在全身蔓延。

太累，她想放松放松。

有一次假期，她与公司其他部门的几个同事计划去草原骑马，一开始她在犹豫，刚工作没多久，积蓄也不是很多，但在其他同事的"怂恿"下，她最终决定报名。

骑上马的时候，素素把平常的不快通通甩在了马背后，她与马合二为一，奔驰在一望无际的草原里，她的心瞬间也跟着草原一样辽阔了起来。

那一瞬间，她明白了什么是生命的意义，感受到什么是大自然的美与人心真正的自由。

回到公司后，她很快计划了下一次旅行，虽然时间还很遥远，但满心期待，工作再忙总算也有了一个奔头。

人生要开启一次灵魂之旅，生命才算完整。那么那次草原之行，应该就算是素素的灵魂之旅。

自从那次旅行之后，素素的文字变得有活力了，每个文字仿佛都是有生命的，能与读者交流和对话。

　　她很庆幸自己没有因为穷就停止旅行的步伐。在旅行当中，她有更多的时间去放空、去思考，与万物对话。深度思考自己想要什么，以及怎样去做才会更有利于帮助自己达到目的。

　　其实旅行并不单单只是满足眼睛的贪欲，更多的还是有助于自己的成长。你的每一次旅行经历，都是人生一笔宝贵的财富。

　　旅行是一部百科全书，可以带你领略不一样的知识。很多人觉得旅行是一件奢侈的事，因为机票太贵，住宿太贵。

　　其实真正喜欢旅行的人，从来不需要花太多钱。贵的是旅游，而不是旅行。

　　我认识一个男生，叫阿可，一名互联网从业者。

　　他很爱旅行，虽然平常经常要加班，但也阻止不了他利用零碎的时间出去旅行。

　　他以最便宜的方法，去感受最好的旅行。他会早早地做好出行计划，很多别人买不到的打折机票，他总会有办法买到，因为他经常会半夜蹲点，守着电脑不断刷新。出门住青旅，舒适干净就好，不特意追求高品质。

　　吃好、睡好、玩好，每样都不耽误。他那相机里全是各地的风景人文照片，自己的照片却极少。

　　以前他是一个"死宅"，除了上下班就是打游戏。不管是三天长假还是五天长假，他能把游戏打到登峰造极的地步。后来觉得游戏不过如此，除了打发时间，让自己的眼镜度数再增高一倍外，没有其他的作用了。他开始尝试旅行，在制定路线和各种小细节中寻找成就感。因为每次旅行都有一堆琐事要自己解决，恰好是这些事情，证明自己其实是一个非常能干的人。

那些年，他走了很多地方，领略了很多风土人情。每次跟别人聊天，他都能讲不一样的故事。你能在他身上读到很多有趣的东西，这大概就是旅行所带来的不一样的东西。

越是穷，才越要去走世界；越是穷，才越要与人沟通。穷着当井底之蛙，不如穷着走世界。

不在烂事里纠缠

一次下班回家的路上，我路过比较偏僻的公交站台，发现背在身后的双肩包被人拉扯了一下。我下意识地回过头，发现一个20多岁的男生尾随在我身后，试图打开我的包，寻找他想要的东西。

因为包里除了几本书，并无其他值钱的物件，我便没有理睬此事，继续往前走。但走出不到10米，又感觉身后的包动了一下，我再次回头，还是那个小偷。这应该是他第一次作案，第一次拉我包没有成功，被我发现了。第二次拉我包的时候，再次被我发现，他很快撤离。我也没有计较，毕竟没有损失。

第二天我把这件事告诉了友人，他的第一反应是我不该那么痛快地放过他，应该让他尝一点苦头。比如拍照，把他的照片公布于众，让大家都看清他的庐山真面目。

我淡淡地笑了笑，在心里否定他的这个提议，如果真这么做了，本来没有什么损害的我，就不知道会发生怎样的意外了。

友人继续拉着我说，让我调一下监控，把他的丑陋罪行公之于众。我说没有必要，毕竟我也没有什么损失。能不计较的烂事，就别过多地纠缠，那样纯属是在浪费时间，也是在浪费生命。

远在异国的好友给我发来长长的短信，道明了她最近发生的事。除去开头与结尾，我截取了中间发生的一段故事，跟感情有关。

她的同事是一个中年油腻猥琐男，她公司里所有的女性，几乎都被他勾搭了个遍，仗着自己高级工程师的地位，为所欲为。好友也惨遭其"毒手"。

油腻男约好友吃饭，表示对她的好感，好友果断拒绝。油腻男再约，好友再拒绝。求爱不成，他谩骂好友，所有不堪的下流词全都用在了好友的身上。

好友跟我说，因为小时候受过某些心理创伤，如今种种又把她的回忆拉回以前，让她陷入无限的痛苦之中。

她每天看见那个油腻男，想到那些污秽的话语，她就觉得世界很不友好，自己的生活很糟糕。

我给她回了很长的信息，中心思想只有一句话：烂人烂事，该放下的就放下，没必要为烂人扰乱自己原本幸福的生活，因为那不值得。

与烂事纠缠得太久，自己也会变成一个"不好"的人。也许做人最大的格局，便是不与烂人纠缠，不与烂事较劲。

记得在知乎上有人讲过自己关于"烂事"的经历。

一次出差，他与老板在过海关的时候，被一个乞丐拦住了。如果是普通的乞丐倒也罢了，随便摆摆手，打发他远去即可。但是这个乞丐却偏偏身强力壮，一副不给钱就不让他们走人的架势。

他当即就怒了。那年他22岁，年轻气盛，有的是"与阴暗之事决裂"的心态，正打算教训教训乞丐，但却被他的老板阻止了，他的老板从口袋里掏出钱给了乞丐，随即便拉着他离去。

老板看着他一脸闷闷不乐，便跟他说，如果一直与乞丐纠缠不休，行程便会耽搁，事情孰轻孰重，要把握好自己的度。

那个时候他便忽然明白，老板为什么是老板，能当上老板的原因——做大事的人，都不会在烂事上争论不休。

遇到烂人，远之，放下；遇到烂事，不要计较。

很多时候你会发现，如果放不下，最受伤害的不是别人，而是自己。

如果张爱玲放不下胡兰成，放不下那段烂糟糟的回忆，就不会有她的新生；如果严歌苓放不下当初让她尴尬的教官，那她就不会遇到那么优秀的外交官。

烂人烂事，不值得占据自己的时间，一分一秒都不行。

看了一本书，书里有个人，淡然洒脱，从不计较。有一次邻居因为几分田地想和他争执，他连吵架的机会都没给对方，直接按照对方的意思与要求来处理，很快就化解了一场干戈。

亲人问他为什么，他说没必要，又没有损失多少，只不过就是争一口气的问题，我又不需要那口"气"，让给他作罢。不然如此争来争去，没个头尾，还影响自己的心情。

人生需要豁达与放下。放得越远，自己越幸福。几米说："不要在一件别扭的事上纠缠太久，纠缠久了，你会烦，会伤神，也会心碎。实际上，到最后，你不是跟事过不去，而是跟自己过不去，无论多别扭，你都需要学会全身而退。"

这段话，想必也是对成年人的基本要求。如果连这点都做不到，那么会很难拥有幸福。

金庸的小说《神雕侠侣》中，李莫愁那一段记忆最是深刻。

她本是世间多情人，却没有被情眷顾，结局凄凉。她的凄凉，其实也是她自己一手造成的。

因为她穷尽一生都在与"烂人"纠缠。年轻时遇见陆展元，一见倾心，再见钟情，终身眷顾。她为他付出所有，不求丝毫回报。恩爱时，甜言蜜语，不离不弃。

李莫愁至此以为遇见终身幸福，想要白头偕老。可陆展元的脸说变就变，他的心说远离就远离，狠心抛弃了李莫愁。

从那以后，李莫愁就变了一个人，她的柔软心肠变得又硬又狠，她把自己的痴怨转移到了无辜的百姓身上，成了杀人不眨眼的恶魔。

她斩杀陆展元的弟弟陆立鼎全家，并用残酷的手段折磨陆展元的女儿陆无双，丝毫没有怜悯之情，满心满眼全是仇恨的火焰。

虽然做了诸多让自己痛快的事情，但她的心始终没有忘记陆展元，李莫愁在绝情谷被情花刺中，她心里念的想的还是陆展元。她最后的结局是死于大火之中。

人最大的错误，就是拿"烂人"的错误来惩罚自己。如果早日相忘，不与"烂人"反复纠缠，李莫愁是可以获得幸福的，不会让仇恨反复把自己折磨得不成人样。

你若放下，就能新生；若放不下，不配成人。

很多事情就是这样。虽然放下很难，但放不下会更难。放下一时疼痛，放不下永远疼痛。我想聪明人应该会知道如何做，会让自己活得潇洒。

第五章
CHAPTER 5

不为难自己，不放纵内心

用心行走在未知的人生道路上，渐行渐远，我们不断地改变着自己，甚至将自己改变得很陌生，但用心去感受这个世界，无论何时，身处何地，从来不会缺少阳光。

有明天，就有希望

老话常谈。

但人生，围绕的不就是这些离不开的老话吗？包括明天，包括希望，也包括自己对未来的期许。

曾看到过一个提问，陷入绝境时该怎么办？

回答很多，记不清了。

但我想讲的是，人不会有永远的绝境，只要稍微坚持一下，就能看到天明。不要以为这个世界上只有自己是最悲惨的，别人永远没有绝望的时刻，我告诉你，那是不可能的。

每个人都会有绝望的时候，躲不掉逃不掉，只是别人不说，你不知道而已。如果你知道别人都是怎么熬过绝望的时刻，你内心大概会好受得多。

我曾在豆瓣上看到一个人说过自己人生灰暗的时刻。

那时的他是个大胖子，还有一身病痛。求职无门，恋爱不顺，所有的糟心事如一股浪潮向他汹涌袭来。

绝望的时候，他站在高楼顶上，有往下跳的冲动；在江边散步的时候，有往下跳的冲动；过马路的时候，有想被车撞的冲动。

人到绝望的时候，什么都想得出来，那种感觉，只有经历过的人才会懂。遇到这种情况，只有自己能解救自己，别人只能起到辅助的作用，也不要妄想别人会伸手拉你一把，只有自己才永远是自己的救世主。

因为抑郁症他越发暴食暴饮，让他肥胖的身躯比之前更大了一圈。他一到晚上该睡觉的时候便没有任何睡意，整宿整宿失眠。

他去医院检查，医生要求他住院，药物与心理治疗一起进行。到医院之后，他看见走廊里密密麻麻的人，感受到医院里散发着死亡的气息，他一个人面对着恐慌，害怕到了极点。

一个人去检测，一个人拿药，在生与死之间挣扎。那阵子他没有去想工作、恋爱等其他生活中的事情。他一度在惶恐和迷茫里挣扎，一无所有，濒临崩溃的边缘。

他说如果自己没有减掉那么一些肥肉，他的境况或许也不会渐渐好起来。当自己沮丧到极点，不能再倒霉的时候，他想，要学会做些什么来改变自己的现状。

其实一开始还不是自己想主动甩掉身上的赘肉，出于什么原因呢？用药的那段时间，吃不下去饭，瘦了两圈，当身体轮廓慢慢地露出一点线条，他忽然莫名地开心了一瞬间。

那是他很长时间以来，唯一拥有的一个开心时刻。如果自己瘦下来，或许会更开心吧？他想，那就试试吧。

从一开始的肥胖，到最后的健硕，大概花了半年时间。半年里，因为药物的治疗，加上自己不断地减重，让他每天在希望里前行，竟也觉得自己的日子还算是有意义的。

所以他坚持了整整半年，最难的时候也在咬牙坚持。瘦下来之后，如获新生，他照着镜子看自己，越发觉得自己像是一个"人"，之前的那种生活状态是半人半鬼的状态，多看一眼都觉得会被触了霉头。

找到了一点自信之后，他开始尝试更多的改变。他努力把简历做得漂亮，摒弃了之前的想法，广撒简历，也不再像之前那样眼高手低。他觉得合适的职位，都会去公司面试，给自己一个机会，也给未来一个机会。

当一个人愿意尝试改变，他就会给自己更多的机会。

从地狱爬到天堂重见光明，是要经过烈火考验的，承受住了，向死而生；承受不住，向生而死。

他从一个真正的胖子蜕变成一个"型男"，再从一个"型男"变成一个有工作的奋斗者，历经了千辛万苦。

与自己的思想做斗争，与外界的因素做斗争。他感谢自己，给了自己一个机会，重新来过。

很多时候，多给自己一个机会，多给自己一份信念，或许我们就能改变当下糟糕的环境。明天总会到来，过去终将过去。

我有一个好友，他与上文提到的朋友无异，经历过漫长的黑暗时刻。

为了考研究生，他寒窗苦读两年，却考不上自己理想的学校。虽然没有人在明面上嘲笑他，但总有人在背后暗讽他。

那些流言时不时地传到他的耳朵里，他的心如蜂蜇一般，只见戳孔，不见流血。

他一面顶着流言的压力，一面找工作，越是心情糟糕，坏事就越是接二连三。他看上的公司，公司看不上他；看上他的，他又看不上对方的公司。

他进入一个死循环，生活把一个 20 多岁的年轻人，压榨得像一个苟延残喘的老人。

恰巧那阵又碰上他妈妈遭遇车祸，真是祸不单行。

没有事业，没有存款，处境已经不能更糟糕了。怎么办呢？他大哭了一场，找朋友发泄了三个晚上。

但有什么用呢？他发现除了情绪可以暂时找个释放的缺口，于生活的实处而言，一点用都没有。他只能把被生活抽掉的筋骨，一点点拼凑回来。

他硬着头皮，向亲戚朋友借钱，一边向人低声下气，一边在工作中忍气吞声。

他妈妈住院治疗需要 20 多万元，对于一个普通家庭而言，这不是一个小数目。他借遍了所有人，才借了 65000 元。他父亲骂他没用，养育他那么大，一点回报都不能给家里。

他的眼泪在眼睛里打转，手紧握拳头。他急匆匆地找了份不需要加班的工作，又找了份晚上的兼职，透支身体，拼命工作。为了他的妈妈，为了生存，他没有办法不拼命。

谁有更好的办法吗？没有。脚踏实地一步步往前行，大概是他那时能想到的最好的办法。

他的原话是"身体被抽空了一般，不知道自己是站在地面，还是飘在空中，一个哈气或许都能把我吹走"。他身心疲倦到了一定程度，身体便不受自己掌控，那个时候的他，苦不堪言。

一方面没有父亲的温暖鼓励，一方面还要承受经济压力的重担，那份苦楚，他说他会记一辈子。

他是会记一辈子，但不代表他会一直抱怨家人。他每天努力工作，省吃俭用，把钱都用来给他妈妈治病和还债。

我永远都忘不了那样一个时刻：一个 20 多岁的年轻人，前一秒还在偷偷地流泪，后一秒便把眼泪藏起来，露出一个艰难的微笑。

那应该是很多人的现状与常态吧？因为这就是生活。那样灰暗的日子，他坚持了三年，到第四年的时候，才彻底缓过来。

为了还债，他不敢随便花一分钱，不买新衣服。不管是父亲的冷言咒骂也好，还是责任驱使也好，总之他成了一个在方方面面都称职的人，即使那份称职会剥夺他的快乐与自由。

他经常暗示自己会熬过去的，也正如他所言真的熬过去了。痛也好，伤也罢，随着时间的推移，都会熬过去的。

抬头有星空，低头有大海，心里有梦想，前路有光芒，也许这就是对明天最好的寄托。

人生由无数个明天叠加而成，只要活着，就会看到希望。

有点知足感，可以很快乐

前阵子刚上映的电影《雪暴》，讲尽了人性，也把人性的贪婪演绎到了极致。几个盗贼，为了钱财，接二连三地丧失了性命。

其中有一幕更是让人不寒而栗，鲜血淋漓的病床上，躺着一个身受重伤的人，床单以及枕套上都浸着鲜红的血，枕头边上还零散地放着几根亮闪闪的金条，伴着病人入眠。

在生与死面前，那几根紧挨着病人的金条，足以显出人性的贪婪到了何种地步。已经不是满足与不满足的问题，而是人性最深处"恶与臭"的问题。

电影真切地演绎了"人为财死，鸟为食亡"的悲哀。如果懂得知足，没有铤而走险，他们最后也不至于送了性命。

生活中，多少总是有不懂得知足的人。他们总是在不停地抱怨自己的不幸，抱怨自己拥有得太少。其实呢，他们拥有的比常人多很多，只是自己感受不到而已。他们总认为别人所拥有的，即是最好的；而自己拥有的，可以习惯性忽视。

上次跟闺蜜一起去西餐厅吃饭，我们各点了一道主食，外加一碟小点心，我们认为足够，完全够自己吃。等我们吃到一半时，邻桌来了一男一女和一个八九岁的孩子。

刚落座，那个小孩便大喊服务员点菜，只几分钟的时间，我就听他报了七八道菜名。饭菜上来之后，他一样吃一点点，但都没有吃完。那些吃不完的，全部让他爸妈帮他吃完。

席间听到他爸对他说，吃不了那么多就不要点，不要养成浪费的习惯。小孩听了一脸不屑，他说自己班上的一个同学每次出去吃饭都要点十几道菜，他点这几道菜根本不算什么，而且是三个人一起吃。

他爸爸不再说什么，或许是因为宠他，或许是默认了儿子所说的话，人不能委屈了自己，反正有足够的钱可以买单，于是就无所谓了。

但那一刻我特别想告诉那位爸爸和孩子，你们吃的这些，足够贫困山区的孩子吃上一个月。你们的幸福，是他们所可望而不可即的。为什么要跟别人比呢？为什么不能看看那些贫困孩子的处境？这世上缺衣少食的还大有人在。

在真正的苦难面前，这些根本算不上什么，食物只不过是用来填饱肚子、拯救身体的"一剂良药"，吃多了就会适得其反。

经常有人把知足和贪婪放在一起做对比。

那什么是知足，什么又是贪婪呢？

当你饥饿时，有一碗米饭摆在你面前；当你极度疲惫时，有一张床摆在你面前；当你湿漉漉地在大雨里奔跑时，忽然有一把伞出现在你面前；当你嗓子干得快要冒烟时，有一杯凉水为你解渴，这些便是知足。

如果在遇到以上问题时，你还有着更高的要求，那就是贪婪。

恰到好处的知足是幸福，无谓的贪婪与羡慕别人的富有是不幸。

《纸醉金迷》里的田佩芝，就是这样一个人。

她嫁给了一个小公务员，虽然没有大富大贵，也不用为温饱问题发愁。可是她呢，放着好好的日子不过，不打理自己的小家，而是跑去赌博逍遥，终日在赌场买醉，丧失了自我。她一方面企图赢得一些贴补生活的钱，一方面用来打发自己的无聊时间。

不久，田佩芝在赌场上认识了范宝华，一个出手阔绰的"翩翩君子"。他知道女人想要的是什么，自然也知道田佩芝想要什么。她想要的，他都会尽量满足她。

范宝华带着她下馆子，逛各色商场，买她想要的种种服饰，看一场又一场的电影。这些都是田佩芝心之向往，却望尘莫及的生活。

田佩芝虽然身材瘦小，却有着极大的野心，她需要用很多物质来满足她那颗怎么都得不到满足的虚荣心。

当自己的才华配不上自己的野心时，她便把所有的赌注都放在了赌场上，于是她越赌越大。当一个人丧失理智时，就会丧失对生活的正确判断，企图赢得天下的她，最后在赌场上越输越多。

而她自己呢？也像《活着》里的富贵一样，深陷赌局，不能自拔。没有钱继续赌博时，她便动起了歪心思，偷偷挪用自己丈夫的官费，来填补她赌博所输掉的缺口。

结果呢？她不但害得自己的丈夫深陷囹圄，还让自己也陷入万劫不复的境地。若是她懂得知足，守着自己的小日子好好地过，便不会有这些乱七八糟的事发生。

我见过不少人活得很不快乐，究其原因，就是因为不懂得满足。不懂得满足的人，就像一个人永远处在饥饿的状态，填不饱肚子，不知道满足的感觉是什么样的。

同学的父亲，在周围人看来是一个非常幸福的人。

他的妻子贤惠温柔，打理家务是一把好手；他的儿子学业有成、事业有成，典型的"别人家的孩子"；他自己还未退休，在国企单位上班，赚得虽然不是很多，但也是别人眼里的厉害角色。可是他呢？每天不是羡慕张某某，就是羡慕李某某。羡慕他们做生意赚了多少钱，日子过得有多么幸福，羡慕他们的人生很精彩。

成天羡慕别人，就会在无形中滋生出一些对生活的不满和怨气，首先受到这些负能量影响的不是别人，而是他自己和他至亲的家人。

日子一长，矛盾就会产生，就会闹得不愉快，于他自己和他的家人而言，都是得不偿失的事情。

如果懂得知足，就会心生感恩，不会用棍子把自己的生活和别人的生活都搅得污秽不堪。

知足感即幸福感，你有多少知足感，就会有多少幸福感，幸福取决于你对生活的满足度有多少。

贫穷不是堕落的理由

有人问，贫穷有多可怕？有人答，跟死一样可怕。

事实为例。

多年前，一个孤儿被倒下来的土墙砸到了头。周围的人简单地用布给他包扎了一下，随即把他送进了医院。

医生说，头骨碎裂，需要7万元治疗费。那个时候的几万元相当于今天的几十万元。因为穷，治不起，孤儿只能回家等死。

回去之后，那个孤儿真的死了。

有一个姑娘，上大学前没有吃过一次火锅，没逛过一次商场，没有进过一次 KTV，没有参加过一次聚会，连肯德基也没有吃过。

后来有个男生追求她，有一次男生问她喜欢吃 KFC 里的哪种食物，她支支吾吾了半天也说不出来，因为她没吃过，她不知道那里有些什么东西，她连名称都无法叫出来。

有一次她表姐来她的城市请她吃饭，她走进美轮美奂的餐馆，顿觉手足无措。穷惯了，突然来到这种地方，她手脚都跟着穷了，不知道该往哪儿放才合适。

看着菜单上的那些菜品，她觉得好贵，虽然表姐不心疼，但她的心却因为价格在滴血。她满心想的都是，如果自己动手做这道菜，会节约多少钱；省下的这些钱，她可以用来做哪些事。

有人问她，贫穷可怕吗？她说也许不那么可怕，但是它一定会带有某种负面情绪，然后深深地笼罩着你。

比如你在人群里坐着，却不敢大声说话，做任何事情都会瞻前顾后，在别人面前，不知不觉间失去了底气。

大学毕业后，她深知贫穷的可怕，因此她努力工作赚钱并攒钱，就是为了让自己不低人一等，不会因为裤子起球而被别人嘲笑。

但她也知道，贫穷并不是放纵自己，更不是让自己堕落的理由。

人与人不一样，有些人贫穷，懂得贫穷的意义，收获到很多东西。而有些人贫穷，却会破罐子破摔。有些人越穷越懒，越穷越不思进取，将穷刻到了骨子里。

为什么穷呢？还不是因为懒吗？除此之外想不到更好的理由来解释这一现象了。他们想着不劳而获，想着用最简单的途径获得自己想要的东西。

但贫穷终究不是堕落的理由，想要的东西，必须通过自己的努力去获得，这样才会体现自身的价值。

认识一个姐姐，年仅 35 岁，却做到了常人不可企及的地位，要风得风，要雨得雨，在商界头顶一片天。

她穷过吗？穷过，比任何人都懂得穷的滋味。正是因为尝过穷的滋味，她才更加拼命和努力。

她说自己永远都忘不了，爸爸妈妈为她的学费四处求人时的无奈。上大学时，学费还差 3000 元，父母四处求人借钱，整整借了一个月，才借到 2000 元。那 2000 元，不是整张一百一百的纸币，而是皱皱巴巴的 10 元、20 元、50 元凑起来的。

她爸爸为了凑齐剩余的 1000 元，把家里唯一的一只母羊卖了。爸爸把所有的钱递给她时，她的眼泪终于爆发了。那时她便在心里暗暗起誓，要混出个人样来，才对得起今日的一切。

她总算没负自己当日的诺言，够勤奋，也够努力，一点一点地从泥潭里摸爬滚打，爬出了人形。

她特别艰难的时候，是大学刚毕业的时候。那会儿才出来工作，工资 2000 元出头，少得可怜，而且这份工资，在她交完房租后，每天就只剩下了 10 元钱的饭钱。

她不敢乱花钱，买东西都是去最远的市场，因为那里便宜。每天都需要转乘两次公交，一趟下来要花费 2 小时，就是为了节省几元钱。

为了更好地生活，工作中一切机遇她都不会放过。只要逮着机会她就能抓住。老板曾这么形容过她，瘦小的身板，却有无穷大的力量。

只有她自己知道，她的力量是被当初的穷苦逼出来的。为了父母，为了自己，为了生活，也为了尊严，她都得努力拼搏。

她不能以贫穷为借口，不能在贫穷里自甘堕落，就只能付出比常人更多的艰辛。

如今，她住在 300 多平方米的房子里，开着香槟庆祝自己当日没有犯懒，不然就换不来今日成功的自己，她衷心感谢自己曾经穷过。

生活中最常听的一句话：贫穷限制了我的想象力。

这虽然是开玩笑的一句话，但对于真正有钱的人来说，这是一句不会在自己嘴里随意说出来的话。原因很简单，他们有钱，无须开这种玩笑。

那个年过 35 岁的姐姐，就完全不用开这种玩笑，也不会说出这种"俗气"的话。因为多贵的东西，她都买得起。

你有多努力，日子就会有多精彩。也许不一定成正比，但一定不会太差。谁都知道，只要不懒惰，日子都能过得好。

如果不满自己的现状，如果想告别贫穷的生活，那就捡起你的盔甲，向着艰苦厮杀过去。有一句话说得很有道理："本身就穷，折腾对了就成了富人；折腾不对，大不了还是穷人。如果不折腾，一辈子都是穷人……"

学会拒绝，不为难自己

看了一本书，太宰治的《人间失格》。

书里的主人公叶藏是一个惹人心疼的人，因为他不懂得如何拒绝。很小的时候，他为博得大家的欢心，去努力迎合所有人，即便自己内心不愿意，也会想尽一切办法去融入他们。

印象最深的一次，是他的父亲去东京出差，问大家想要什么礼物，只要他能满足的，他都会尽其所能地为他们捎带回来。大家都很开心地报上了自己喜爱的东西，父亲很有心地在笔记本上列了个清单。

当父亲问到叶藏时，他沉默了，其实他什么都不想要。但为了不让父亲失望，他趁父亲熟睡时，在他列礼物清单的笔记本上添上了自己想要的狮子舞面具。

父亲看了之后果然很开心。但其实他并没有很想要那件东西，只是为了不让父亲失望。

诸如此类的事情还有很多。他小心翼翼地去迎合别人，最终让自己的痛苦一点点扩大。

在这本书里，太宰治借叶藏的口说道："我的不幸，恰恰在于我缺乏拒绝的能力。我害怕一旦拒绝别人，便会在彼此心里留下永远无法愈合的裂痕。"

所以，他的一生都在郁郁寡欢里度过。

要想快乐，首先就要学会拒绝他人，无条件、无底线地去迎合别人，会让自己的处境变得很糟糕。生而为人，是为自己活的，不是为了别人。

在这方面，好友李密也算一个不太会拒绝别人的人。

从小到大都是如此，别人说东，她尽量不往西；别人说西，她尽量不往东。包括高考报志愿，她也很顺从地听了爸爸妈妈的话，即便她不是很中意那个专业。但对那时的她来说，爸妈开心就是她最大的开心。

工作之后，她对同事有求必应，很难说出拒绝别人的话，因为她怕拒绝之后，"双方有难以愈合的裂痕"，怕对方失望或者生气，这样的事情，她不想做出来。

生活中也是一样，朋友的请求她很难拒绝。比如某某遇到经济危机，需要找她借钱渡过眼前的难关，但凡她能借的，绝不说"不"。

她到底是快乐还是痛苦的呢？我想是喜忧参半吧，或者说痛苦的指数比较大。就拿志愿来说，她不喜欢学计算机，可偏偏学了这一行。为了博得双亲的开心，她牺牲了自己的快乐。

在工作中，她尽量去满足别人的欲望，迎合别人的要求，不管是合理的还是不合理的，这对她来说也是一件很累心的事情。

生活中的小事情，朋友想要找人帮忙，第一个想到的也会是她。最主要的是，她做了这些，未必会让别人真心实意地知道她的好。在别人看来，你一味地付出，就变成了廉价不值钱的付出。大家都会以为你乐意这样做，时间长了，会觉得是你应该做的。

耗尽自己，成全他人，久而久之，就会感到身心疲惫不堪。我们学会接受，就一定也要懂得拒绝，没有什么是"一定"和"必须"的事情。能接受，就一定也能拒绝。拒绝别人不是什么难事，难的是你怎么平复拒绝别人之后的愧疚之心。

还记得《欢乐颂》里的关雎尔吧，人美心善的小姑娘。她有一个很大的特点，就是不懂如何拒绝别人，不知道该怎么洒脱地说"No"。

关雎尔经常加班，她加班的原因不是因为自己，而是因为别人，别人做不完的工作都会给她做。别人的一个热情微笑，她便乱了方寸，想拒绝都不知道该如何开口了。

她长年做老好人，换来的是什么呢？是被经理一顿痛骂。原因是什么？原来某次关雎尔像往常一样，帮同事完成剩余的工作。因为同事做的那部分错误百出，关雎尔也受到了连累，因为最后签名确认的是她，所以挨骂的必然是她，承担责任的也必然是她。

她尽心尽力地帮助自己的同事，可是同事怎么对她的呢？一句安慰感谢的话语都没有。有些人就是跟白眼狼一样，帮了第一次，要求第二次、第三次，最重要的是，根本不怀感激之情，把别人的好意当作驴肝肺。

有些人，就是必须明面狠狠拒绝，他才不会把你的善良当成廉价品，才会正视你的好，珍惜你的好。你一次次地不拒绝，反倒成为放纵他人的理由。为了温暖他人而累死自己，不值当。

说一则古代关于拒绝的故事，讲的是鲁国的宰相孙仪特别喜欢吃鱼，关于他爱吃鱼的事，几乎无人不知。为了讨他欢心，鲁国人争相把各种好吃的鱼都捕来送给他。孙仪面对这些礼物，只是摇头拒绝，并不接受。

家里人非常纳闷，寻思你既然那么爱吃鱼，为什么要去违心地拒绝别人呢？孙仪微笑回答说："我一旦接受了别人的馈赠，必然少不了要帮别人的忙，你并不知道哪件事会违背道义，更不知道哪件事会违背法律，所以不如不接受得好。如果因为帮别人的忙而触犯法律，那我的官位必然不会保全。一旦我被罢官，哪里还会有谁给我送鱼呢？如果是这样的话，那不如从一开始就不要接受得好。"

妥当地拒绝，是一种智慧；不懂得拒绝，满载失望而归的是自己，而不是别人。

在生活中，你肯定对以下场景不会陌生，比如：

别人有救急之事，找你借钱，你碍于面子，从为数不多的存款里拿出一些借给了他。

做微商的朋友，让你隔三岔五地帮他转发广告、点赞。你碍于情面，不得已而为之，哪怕自己不想发那些乱七八糟的广告。

在工作里，你总是无法拒绝同事的请求，例如帮他做个图，帮他配个文，他微笑请求你的样子，让你不忍心拒绝……

有些时候，你接受了别人的要求，就是在变相地惩罚自己。你不好意思开口拒绝，会成为别人得寸进尺的理由。善意地拒绝，帮助的不仅是你自己，还有别人，让他们知道，不是所有的"忙"都必须是让别人帮的。

恰如其分地拒绝，会让你恢复做人的尊严。希望你能在别人的事情面前，懂得掂量，不随意接受，也不强硬拒绝。

不妄图控制所有

电影《睡沙发的人》里面有这么一个片段。

粟一柯高考失利，考了个全校倒数第一。他妈妈让他复读，他不愿意。他想做他自己的事，尽管他也不知道他想做什么事。

争吵、纠结、彷徨，在他们之间展开。最后粟一柯选择妥协，因为拗不过他妈妈的强势。

虽然拿着书本在看书，但他的思维却经常开小差，没三分钟就刷手机、看图片。当然，这一切都是背着他妈妈进行的。

粟一柯不想复读的最主要原因，还是他不想读理科，他热爱文科。但妈妈说了文科没出息，理科才能赚钱，他无力反驳。

于是就出现了他以上种种叛逆行为。

粟一柯的妈妈没了办法，只得找那个成天板着脸、不爱说话就爱读书的舅公请教，让他开导开导粟一柯。

他舅公一针见血地指出很多家长的通病："你问过他想干什么吗？你知道他内心真正的想法吗？你把你的想法强加在他的身

上，你觉得他会开心吗？"

粟一柯的妈妈回答说："他那么小，知道些什么？我这都是为了他好。"

随后他妈妈反问粟一柯："你到底想做什么？"

粟一柯支支吾吾地想说点什么，却没有说出口。

自那以后，粟一柯待在家里，既没有准备高考，也没有出去找工作，而是待在家里看舅公给他的书，如《棋王》《象棋的故事》《月亮和六便士》《罗亭》等一系列经典著作，当他看到忘情处时，会拿开水浇花，把橘子皮当成橘子塞进嘴里。

读了很多经典后，他尝试着写小说，因为人物细节描写丰满，故事情节生动，投去杂志社后，竟获了奖，拿到了人生的第一笔稿费。

新世界的大门就此开启。

影片的最后，死活不肯复读的粟一柯对他妈妈说，他想重新复读。他妈妈问他，你想好了吗？他回答，想好了，只是这次不再学理科，而是改学文科。

你没办法控制别人的思维与人生，不要妄想给别人做决定，尤其对自己的孩子更是如此。在做决定之前，先问问别人的意见，听听别人的想法，要比一个人胡乱决定好得多。

在这里我很自然地想起了同学的妈妈，一个非常强势的女人。

任何事情，她都喜欢照着自己的思路来，如果事情没如她的意，她就会闹脾气不开心。

丈夫从事什么工作，她要站出来干涉一下，尽管她不懂，但她也要说上两句，给丈夫做决策。

儿子学习哪个专业，她也要长篇大论地乱扯上一番，直到说得心里舒畅了，才算心满意足。

家里的大小事情都要她拿主意，别人的参考意见全盘否定。说得好听是强势，说得不好听就是想让别人都做她思想的"傀儡"。

时间长了，丈夫有怨气，儿子有怨言，都埋在心里，像一颗定时炸弹，随时等着爆炸。

其实他们每个人都有各自的烦恼，比如妈妈有妈妈的烦恼，她企图控制所有，但并不是所有的事情都是她能够控制得住的。儿子的烦恼与爸爸的烦恼一猜便知，肯定都想成为独立的个体。

你不是神，你无法控制世界所有事。你控制不了外界因素，比如什么时候刮风下雨打雷；你控制不了别人的心情，是开心还是快乐；你也控制不了别人的想法和评价。

你唯一能控制的，只有自己的行动和想法。别人的、外界的，不要试图干涉太多，不然烦恼就会悄无声息地侵蚀你。

大猫儿是个平面模特，其他空余时间做直播。

在小城里，人们最喜欢谈论各色话题，大猫儿很轻易地就成了别人茶余饭后的谈资。

很多闲话时不时地传进她的耳朵，比如年纪大了不好好恋爱结婚，不好好找正经工作，成天拿个破相机被人拍来拍去，也不出去交际，没事缩在房间里对着镜头一个人自言自语。

大猫儿才听到这话时，气得都要炸了，跑过去跟人理论。

可是没用，解释完第一遍，还有第二遍。解释完这个，还得解释那个。时间长了，她乏了，也放弃了。

我控制不了你的想法，我无视还不行吗？既然控制不了，那就自己躲得远远的，眼不见、耳不听为净。

上次朋友给我打电话，诉说自己在公司的种种遭遇。

她才去公司时间不长，大概一个月时间。但她发现大家都在有意无意地排挤她，或许是她去的时间短，部门同事"排生"，因此对她的态度不是那么友好。

我问她，自己平常的工作有没有完成好，是不是因为工作没有按时完成，或工作能力没有得到认可，才招来众人的排挤。

她愣了一秒，随即说不可能。自己虽然说不上做得有多么出色，但是领导安排下来的任务都是尽职尽责地完成，没有丝毫懈怠。

"既然你无愧于心，那你害怕什么？他们想怎么排挤就怎么排挤，工作是靠实力说话的，而不是靠舆论来说话的。"

既然你无法控制他们怎么做，怎么说，那就做好你自己，大概就是对他们的最好回击。

掌握自己能掌握的，控制自己能控制的，一切对别人的附加思想都应该停止。不要以为你真的很了解一个人，有时候别人比你想的更复杂，你的控制除了多余外，没有其他任何意义。

别被外界的声音捆绑

你想改行？什么时候开始都不晚。你想学点什么？什么时候开始都不晚。只要你想开始，什么时候都不晚。

很多人在内心疯狂地叫嚣着，不满现在的状态，想改变，但又因为懒惰和缺乏勇气，迟迟不肯去改变。有些人，明明不热爱眼前的工作，但却跳不出舒适圈，想着混吃等死一辈子。

人跟人之间的区别在于，别人想着如何追求，你想着如何倒退。

我看过一篇文章，作者是一个 27 岁的女孩。

女孩之前一直在事业单位工作，待久了乏味，不想那么一直待下去。她想辞职，但还不知道自己想做什么。

家人听到她的这个想法，吓得连连劝她收回这个鬼主意。她妈妈以为她受了什么刺激，一连问了三遍："闺女，你没事吧？"

她很淡定，全家人都不淡定。她把缘由一五一十地告诉了父母，自己想重新开始，希望获得他们的支持。

说了几遍，父母不同意，又多说了几遍，她再三保证辞职之后，新工作肯定会比现在的好，父母才松口勉强答应。

思索了几个晚上，她递交了辞职报告。她琢磨着自己大概还能学英语，加上之前的一点点底子，就重拾英语吧，学好了还能做她之前就很喜欢的翻译工作。于是，她报了培训班，开始捡起英文。

她删除了游戏，卸载了抖音，在心里一遍遍告诉自己，自己只有三年时间。离30岁还有三年，三十而立，总要做点什么出来，让自己立起来。

女孩真的挺拼的，在吃饭、上厕所、晾衣服、等电梯等各种间隙里，充分调动脑细胞背单词。

才开始的时候，因为是菜鸟，请她翻译的人少，就算有，报酬也很低。但她来者不拒，只要有人找她，她都接，不肯放过任何一个机会。

勤勤恳恳的，认认真真的，介绍翻译单子给她的人越来越多，报酬也在慢慢往上涨。

看着钱打进来的那一刻，她感到一阵阵欣慰，总算当初的选择没有错，也没有辜负爸爸妈妈对她的期望。

女孩是勇敢的，很多人难有她这样坚定的勇气。人生不设限，未来才有无限可能。

王小帅也是一个有"骨气"的人。

36 岁的年纪，放弃做了 10 多年的程序员工作，半路出家跑去写网络小说。这在外人眼里简直就是疯了。

他做出这个决定的时候，跟他在一起 7 年的妻子，以为他在说梦话。

王小帅在那个窄窄的工位上坐腻了，也腻了那一堆堆没有生命力的数字。并不是说他想忽然换个新鲜来刺激生活，文学梦，其实很小的时候就萌芽了。只是为了生活，他一直把它放在心底。

他怕那玩意儿会饿死自己，养不起家人，所以他把梦想放置在一个毫不起眼的地方，让自己不会时刻想起它。

人到中年的王小帅决定辞职，因为他想写他的网络小说。他也知道万事开头难，更何况现在那么多的大神，根本就不差他这个菜鸟。

可王小帅想写，谁又能阻挡他的决心呢？没有人，除非他自己不愿意。

仗着自己看过很多"修仙"玄幻小说，他也注册了一个作者账号，编辑了作者内容，开始每天更新。

公司的工作彻底放弃了，他问了自己一万遍，会后悔吗？一万遍都是同样的答案：不后悔。他开始走上了自由职业这条路。

王小帅没有交代他现在怎么样了，但我想他走上了自己热爱的这条道路，大概很幸福。

生活艰难，不如让自己在自己的爱好里艰难，起码还会有几分动力。

很多人都是活着活着，忽然活透彻了，正是因为自己被所谓的生活捆绑得太久，所以才想要挣扎，成为一个不一样的自己。

李胖妹也是。

她本来是一个销售，能说会道、业绩不错的销售，班不少加，钱不少赚。

在 34 岁那年，她立志想成为一名律师。

律师多难考啊，书本上的东西太枯燥，老记不住。但为了当一名律师，她咬牙忍了下来，无论如何你也想不明白她为什么想改行，很多东西，也许连自己都无法解释清楚。

很多人劝她放弃，从各个方面摧毁她的意志力。好在她的心不是墙头草，不是别人的三两句话就能吹动的，她有自己的主意。

也有人不相信她能拿到律师资格证，明里暗里带着挖苦的意味。就在去年，她通过了司法考试，成为一名真正的律师。语言的苍白解释没什么力度，行动是最好的证明。她内心有说不出的欣喜。

没有一成不变的东西，你什么时候想到改变，那就去改变，不要害怕周围的声音，活得洒脱些，你的魄力源自你的勇气。

有个 40 岁的大哥，更酷。

他做了近 20 年的杂工，跑去学了代码，当了个程序员。40岁的年纪，比起小年轻儿，上手要稍微吃力一点。

你热爱，就一定会发光，你的热爱可以成为一把锐斧，为你劈出一条光明之路。

40 岁的大哥，就是这么想的。他自己动手写代码，从小函数、小功能、小应用做起，一点一滴积累，到最终写出属于自己的作品，也在这个行业立了足。

你喜欢的行业，不见得别人会喜欢；你不喜欢的，不见得别人不会喜欢。人心千千万万，道路万万条。

在这里并不是非要你半路换工作，而是想告诉你，不管什么年纪，只要你想，就去做，就去改变，别被外界的声音捆绑、束缚。

精神富足，才是真的富足

开篇之际，先讲一个故事。

一个家财万贯的富人来到天堂门口，试图进去，却被天使拦住。

富人问：我为什么不能进去？

天使回答说：你不是真正的富人。

富人大笑：你怕是在开玩笑，我最不缺的就是钱，这里来的人，多数都没有我富裕！

　　天使再次回答：你不是真正的富人。你不过就是比别人多出些钱而已，不足以炫耀。

　　天使一边回答，一边开门把一个衣衫褴褛的乞丐让了进去。

　　什么是真正的富裕呢，是精神上的，永远都不会消失掉的。

　　说到这里，我再次想起了阿城写的《棋王》。

　　《棋王》是一本即便看完很久，也随时随地能让人想起来的书。人物形象太深刻，故事太深刻，读者不会轻易忘怀。

　　"文化大革命"期间，吃不饱穿不暖，还有很多活要干，王一生就生活在那样的一个年代。别人吃饱穿暖，有热炕睡，便心满意足。但王一生却不满足于这些，因为他的精神还需要一起满足才行。

　　他的精神食粮，就是下棋。下棋能下痴迷，逮着会下棋的人就下。下棋使他快乐，是他精神快乐的源泉。

　　最疯狂的一次，是九人连环大作战，他下得忘了天忘了地，一堆人围观，他在众人之间披荆斩棘，夺得了冠军。

　　很多人也许会想，吃不饱穿不暖，还下什么棋？不应该是好好地努力使自己生活得更好吗？

　　但王一生的要求却很简单，吃饱了这顿饭，得到简单的物质需求，生活得到满足，就追求精神层面的快乐。"人活着，还需要点东西。"这个东西，就是比物质更重要的，精神层面的东西。

　　棋呆子王一生下棋的棋品和人品，备受他人尊重。

也许下棋不能给他带来很多钱，但能给他带来很多快乐。最主要的是，下棋或许能让他下出一番荣誉来，这也是未可知的东西。他的爱好，给他带来某种程度上的荣耀，即使这种荣耀不是他所需要的，这不也很好吗？

我有一个好友，特别爱读书，尤其喜欢写诗，曾经也发表过几首。

他的工作也是跟文字相关，但他并不是发自内心真正爱这类型的文字。当生活能继续，工作上却得不到很好的满足时，他就看书写诗。

前阵子某平台卖书折扣季，他给我发来了很长一串书单，全是他的囤书。上班前读一读，下班时读一读，睡觉前再读一读。

"每天都过得很充实，生命一秒都没有浪费。"这是他的原话。

看那么多书干吗呢？先反问一句，不看书你能干吗呢？

想用比较客观的话来解释"读书"一词，教科书《文学概论》中有一章节，专门解释了"书"的定义。

拿书与物品做对比的话，书这个东西永远都不会因为时代而破损，而商品会有破损，会随着时间的变化贬值。但书呢，只会在你的记忆里越来越"香"，让你的精神财富越来越宝贵。

用好友的话说，脑袋不匮乏，思想很活跃，精神很富有。

精神和物质上，你总要有一样拿得出手的东西，你的人格才不会黯然失色。你可以没有很多钱，但你精神层面的东西不能少，不然会被人定位为一无是处。你没钱，但你精神富有，别人也会敬你三分。

在生活上穷困潦倒，在骨子里高风亮节的人，不会被人嘲笑，反而会被人尊敬。

《无出路咖啡馆》里那群艺术生，就是这样的人。

无论到何种境地，都不愿意放弃做音乐和画画。他们在最困难的时候坚持着，日子好起来的时候也在坚持着。但凡放弃，就会让他们没了灵魂。

我认识一位前辈，年少时家贫，全靠自己打拼，才拥有了现在的家产。

他年少时有一个爱好，就是打乒乓球，本想进体校，因为种种原因错过，于是把打球当成了一辈子的爱好。

年轻时忙着赚钱，但也没丢掉这一项爱好，他知道自己不能没有球，他已经把球融入了生命。遇见开心或不开心的事情，他都会组织球友去大汗淋漓地打一场球。

他没钱的时候爱打球，有钱的时候也爱打球。现在他的球技，在业余水准里是相当高的。他还专门组织了一个乒乓球协会，收纳业余爱好打球的人。

球给他带来了很多快乐，也陪他走过很多艰难的岁月，球与人，早已相融，不分彼此。

他感谢自己拥有那份纯真的快乐，那是他的精神乐园，他说到80岁，只要还能动，都不会放弃。

有点爱好，你会过得更加快乐。你痛苦时，它会帮你分散注意力；你幸福时，它同你一起分享。

它其实等同于你的灵魂，有了灵魂，生命自然有了不一样的活力。

精神富足，变相来说也可以给你带来利益，尽管这样的利益或许不是你所喜欢的，但它确实是存在的。

对于棋呆子王一生来说，下棋可以让他赢得别人的尊重和掌声，也会带给他名誉外的东西，比如奖品；好友爱读书写诗词，他投的诗词可以给他带来稿费，更甚者，可以使他进入当地诗词作协；前辈打球结识了很多同行业的先驱，给他带来了某种程度上的利益。

尽管去爱你所爱，追求你所追求的。人这一辈子，不要活得稀里糊涂。

做一个快乐的富人，不如先让精神富足起来。精神富足起来，物质也不会过于贫乏。因为精神富足的人，不会甘于平庸，更加不会贫穷到哪里去。

活着，应该像首诗

　　很多人的生活枯燥得像一篇说明文，各种麻烦像极了源源不断的数据，理性得像是解题步骤。久了，你习惯了，感觉有些糟糕，也开始怀疑自身，真是如此吗？

　　为什么别人的生活像是一首诗，有山有水有感悟，充满着乐趣，而自己的呢？枯燥乏味。

　　如果可以的话，暂时忘掉柴米油盐的价格；如果可以的话，忘掉商场中打折的信息；如果可以的话，请不要把生活搞得太艰难。

　　诗意的生活，其实真的不需要你有太多的钱经营，而是指你内心对生活的态度。生活大概分为两种，一种粗，一种雅。

　　好友柳子是公司小职员，赚得不多，但活得精致。每天早晨起床，不快不慢地给自己煎个鸡蛋，热杯牛奶，再烤块面包。给自己 10 分钟时间，坐到餐桌前，享用这美味的一餐，开始愉快的一天。

出门前，用淘来的化妆品给自己化个淡淡的妆。她把衣服的线头清理妥当，把指甲整理干净，看上去雅致又温婉。

其实她一身的行头加起来可能还不足 300 元，因为舍得给自己花时间，也愿意用心打理自己，所以她明明是个"赝品"，却看上去像个"行货"。

生活像极了树，同样的根，有的只有单调的叶子，有的却开出美丽的花，有的成为艺术品，有的却只能成为木材……

柳子把自己的生活过成了一首听起来入味的诗。众人都羡慕她，她微笑着说："你们舍得整理自己，你们也可以如我这般。"

无论生活多么现实，总有人活得有滋有味，充满了仪式感，这让人愉悦。很长时间内，我一直以为这和一个人的习惯有关，事实并非如此，这和一个人的观念有关。

没有对错，有的人因为随意而感受到快乐，有的人因为精致而感觉生活有趣，如果我们必然要选择一个方向的话，我认为仪式感很重要。

一个杂乱的屋子，给你的感觉会是怎样的？虽然杂乱的屋子并没有什么不妥，但是会带给你糟糕的心情。

曾听到过这样一段话。

如果心情糟糕，尝试用手指撑起脸部，做出一个微笑的表情，这时候你会感觉糟糕的心情有所改善。

生活有着源源不断的压力与不测，我们无法预估，但肯定的是没有人的生活是永远轻松愉快的，我们开始想尽一切办法来应对糟糕的心情，所以我们试图让自己的家变得友好起来，结果很有效。

当我们能够掌控生活，一切都不再慌张，因为你已经准备好一切。

每天早上起床，所有的东西放在固定的地方，伸手可触，厨房里热着早餐，你甚至有时间为早餐做一朵装饰的花，陪伴你度过一个早晨。

你穿上整齐的衣服和鞋子，因为昨天晚上你已经准备好，你有时间去选择和尝试更好的搭配，让自己看起来更美好，当一切心满意足，你怀着美丽的心情出门，你见到的将是世界的美好。

一切从容，才有时间作诗。

我是靠文字吃饭的，深蕴其中的道理，当你的心情不好，心中塞满了烦恼，无论你文字技巧怎样高超，都难以做出诗歌的从容与韵味。道理是相同的，我们希望生活环境来让我们有好心情，有了好心情，才有更好的开创，才有更好的未来。

生活的仪式感从来都不是表面上的精致和奢侈，而是内心的从容和淡定，以及对生活的热情。这些东西构架了你的气质。

为什么有的人穿着打扮一般，却让人感受到这个人很有气质与品位。反之，有的人衣着华丽，却给人刻意为之的感觉。

还记得那个故事。

一个单身妈妈，独自带着一个 4 岁的孩子。没有人帮衬，日子过得异常艰辛。

就在那样的环境下，她每天下班时还不忘给自己买束花，放在茶几上。屋子里虽然简陋，但永远一尘不染。

这是一个人对生活最好的尊重，也是源于内心对生活的诗意向往，无关物质，无关金钱。

我想，如果说生活的仪式感是重要的，不如说人生的仪式感是重要的，像极了一首诗，该关注细节时丝毫可鉴，该宏大时海阔天空，富有韵味与乐趣，乐趣自在其中。

有人说，生活久了，早已不在乎这些仪式。大概这是对生活的妥协和放任，我们不再努力争取，不再强调什么。

朋友说，一个杂乱的屋子里藏着一颗消极的心，我想大致如此。

虽然生活难免不如意，但我们尽力去营造一份仪式感的时候，我们的内心是坚定而且充满希望的，也许不能改变什么，但相信会带来好运，因为我们如此热爱生活。